藝術管理

逐夢江湖感悟錄

鄭新文

中華書局

陳達文博士序

香港自 1962 年首座文化場館大會堂啟用以來，藝術發展經歷了翻天覆地的變化。從昔日的「文化沙漠」蛻變為今日亞洲矚目的藝術樞紐，這一歷程離不開設施建設、政策推動、藝術生態培育以及無數藝術工作者的耕耘。鄭新文教授的《藝術管理：逐夢江湖感悟錄》，不僅是一部個人從業四十餘年的感悟集，更是一部見證香港文化藝術騰飛的微觀史。

從大會堂到文化樞紐：香港藝術發展進程

1962 年代，香港大會堂的落成標誌着本地文化藝術邁向專業化。此後，香港逐步建立起完善的表演藝術設施網絡，包括香港文化中心（1989）、香港藝術館（2019 擴建）、西九文化區（2018 起分階段開放）等。據統計，有 730 萬人口的香港已有超過 20 個主要表演場館，每年售票近 400 萬張；職業藝術團體從寥寥數家增長至逾百家，涵蓋音樂、舞蹈、戲劇等領域。公共文化服務亦同步擴展：十多間大型博物藝術館，包括新開的 M+（2021）和香港故宮博物館（2022），年參觀人次突破千萬；70 多間公共圖書館註冊讀者佔香港人口七成。

這一發展的背後，是政府與民間的協同努力：

- 政策與資源投入：1970 年代後，市政局及康樂文化署系統性建設文化設施；1995 年香港藝術發展局成立，推動民間藝團資助體系的成立；

- 生態培育：專業藝術教育機構（如香港演藝學院）與跨界合作機制（如藝術節、藝發局資助計劃）催生了多元創作生態；

- 藝術行政者的橋樑作用：如鄭教授所言，藝術管理既是「科學」（制度與數據分析）也是「藝術」（創意與人文關懷）。行政者在資源調配、觀眾拓展、政策建言等環節的實踐，直接加速了藝術與社會的融合。

藝術行政：科學與藝術的共舞

鄭教授將他從事藝術管理視為「感召」（calling），這一使命感理念與彼得· 德魯克（Peter Drucker）對非營利組織管理的論述不謀而合 —— 管理是「博雅技藝」（Liberal Art），需兼顧效率與使命。鄭教授書中強調的「企業家精神」、「創造力」與「終身學習」，正是藝術行政者推動社會進步的核心動力。例如：

- 觀眾拓展（如書中「把蛋糕做大」一章）需結合市場分析與文化敏感度；

- 政策建言（如「生態評論」部分）要求行政者兼具宏觀視野與在地經驗。

未來挑戰與範式轉變

面對全球化競爭與數位化浪潮，鄭教授提出文化政策需「範式轉移」：

- 強化中介機構：完善藝術資助與評估體系，避免資源集中化；
- 培育「有心人」：提升藝團董事、政策制定者對藝術生態和營運的理解；
- 配合香港為中外文化交流樞紐定位，支持香港成為文化管理培訓中心：結合「一國兩制」優勢，發展創意產業與國際合作。

一部必讀的實踐指南

本書的價值不僅在於回顧歷史，更在於提煉出藝術行政的普適智慧。鄭教授以親身經歷印證：藝術管理的終極目標是「效益最大化」——這裏的效益，既是藝術價值，亦是社會影響力。正如德魯克所言：「非營利組織的存在是為了改變人的生活」，而香港的藝術行政者正是這一使命的踐行者。

謹此推薦本書予所有藝術工作者、政策制定者與文化支持者。願我們共同以熱忱與專業，延續香港文化的黃金時代，與世界多元文化接軌，在藝術發展的道路上，再登一高峰！

陳達文

前市政總署文化署署長、香港藝術發展局前主席、

藝發局「終身成就獎」、香港銀紫荊星章

茹國烈教授序

感謝鄭新文教授邀請我為他的新書作序。

新文強調這不是一本回憶錄，大概是因為本書在敘事上並不以編年的方式來排序，而是以藝術管理，藝術管理教育和藝術政策三個大題目，分別談他的回憶，經驗和見解。雖然不是回憶錄，但是我讀這本書最大收穫，仍是能夠深入認識到這本書的主角，他本人的藝術人生。

認識新文的朋友都知道，他是一個斯文隨和，謙謙有禮的好好先生。但在這本書裏，我們看見一個比起平時更率性，洋溢豐富感情的他。我們看到一個熱愛音樂的少年，如何不顧父母的意願，選擇以藝術為終身職業。後來又如何在藝術管理中發現了自己的天賦，在行政工作的解難和創新之中找到快樂。我們看到他如何在 1978 年成為藝術管理人，通過不斷學習，抓住不同崗位的機會，把對藝術的熱愛，轉變成為推廣，策劃和經營管理上的能量，順應時代的進步，推動了香港文化藝術的蓬勃發展。

我們看到他在差不多擔任過當年香港藝術管理行業裏所有最高職位（香港藝術節、香港藝術發展局、香港電台第四台）之後，怎樣轉換軌道，全身投入藝術管理教學的事業裏。我們也在這本書裏面看到這背後的原因，他對藝術行政培訓的熱情，其實源於他對藝術的熱愛。他的座右銘是：把藝術的美好與最多人分享。在他早年忙於當香港藝術節的總經理時，他已經不時推動發起培養香港藝術行政人員的短期課程。

其中一次是在 1991 年，香港大學專業進修學院邀請了紐約大學的教授舒爾文教授 Martin Schulman 來港開設課程。我那時在中天製作任職製作經理，因為參加了這個藝術管理實務證書課程，才第一次認識了新文。那時他已是大名鼎鼎香港藝術節總經理，仍然抽空統籌這個課程並兼任老師，可見他是一直真心想為這行業培養人材。

新文是香港第一個把藝術行政當成一種學問來推動的人。作為一個繁華都市，香港一直都有着蓬勃藝術娛樂活動，但一直以來連行業內的人都覺得藝術行政是不需要學習的，只需要邊做邊學，從低做起就足夠了。但新文的信念是，藝術行政是應該上課學習的，經驗可以整理成為教學案例，藝術理論和管理理論可以結合，成為認知和分析框架，學習並且應用在實踐上。這是來自他在倫敦城市大學修讀藝術行政研究生文憑，以及在香港中文大學修讀工商管理碩士的經驗。這個心路歷程，他都寫了在這本書裏，很值得我們細閱。

在藝術管理的教育上，我和新文最密切的合作，是在 2002 年，當我在香港藝術中心當總幹事時，與剛從美國考察回來的他合作開辦了兩屆藝術行政專業證書課程（PCAM）。這是香港首個根據本地情境設計、由本地資深藝術管理人授課、有學歷頒授的藝術行政課程，開創了為在職藝術行政人員提供進修藝術管理的機會。

隨後多年，新文在香港和上海不同院校，開創了多個文化藝術管理課程。把「藝術行政作為一種學問」這個概念實踐，在香港和內地開疆拓土，訓練了數以千百位同學，成為眾人的「新文老師」，把他對藝術行政的理念，傳授給香港和內地一代又一代的藝術行政人。

我常常被問到一個問題：「我應該以藝術為職業嗎？」和「藝術管理和一般商業管理有什麼分別？」看完新文這本書，我懂得回答了。要在藝術這行業成功，你首先必須熱愛藝術。藝術本身就是一個由情感帶動的行為，其他行業的管理工作你不必要「熱愛」，但是對藝術你必須如此。你必須熱愛，才會理解藝術事務裏面的邏輯和現象。然之後你需要像書中的新文一樣，懷着熱愛，不斷學習，才能夠在現今劇烈變動的社會之中，以藝術為終身職業。

茹國烈教授

香港資深藝術管理人、《城市如何文化》及《文化城市之路》作者

推薦語（按姓氏筆劃排列）

鄭新文教授堪稱藝管界的張三丰，德高望重，兼具智慧與遠見。《藝術管理：逐夢江湖感悟錄》展現其深厚歷練與前瞻視野，筆鋒熱忱，初心不改。無論文化官員、藝管師生、贊助人或藝術工作者，皆能從中得到啟發。此書既是藝管指南、營運手冊，足以構成課程教材，是藝管江湖的武林秘笈，誠意推薦給所有關心藝術未來的讀者。

李易璇女士

香港芭蕾舞團行政總監、香港藝術發展局大會委員及藝術行政組主席

此書是罕有的瑰寶，政策制定者、學者與藝術從業員不容錯過。鄭新文是一位賦有藝術觸覺的創業家，強烈的好奇心促使他不斷探索和發展藝術的多元面向，並把它們無縫地整合成為完備的商

業策略。鄭氏能清晰地論述複雜的藝術流程、真誠分享他的經歷和廣博思維，並將其轉化成為簡明及實用的概念。他把藝術行政昇華成為一門藝術。

邱歡智女士

誇啦啦藝術集匯行政總裁、誇啦啦賽馬會創「見」願景計劃總監

此書是鄭新文教授凝結半生藝管智慧的分享，書中既有作為一線藝術管理人的經歷和感悟，也有對文化生態和政策的深度思辨，更以「師者」視角拆解了藝術管理人才培養的底層邏輯，令我深深懷念在香港攻讀鄭教授創辦的藝術管理碩士 EMA 課程的時光，他以「傳幫帶」的方式培養了來自不同城市的中高階藝管人，我也深受啟發。

梁麗珍

廣州大劇院副總經理、星海音樂學院客座教授

讀鄭老師新作，彷彿重走藝管人的「千山萬水」。從藝術生財能力到公司治理，從香港藝術生態觀察到跨地域教育實踐，他以四兩撥千斤的智慧，將繁複事務轉化為有溫度的系統思考。2005 年在上音求學時，我有幸成為鄭老師的學生，他的務實與思辨精神是我走上藝管之路的啟蒙。如今回系任教，這本書亦是我教學與研究中可以持續汲取的養分。

魏星
上海音樂學院藝術管理系副教授

鄭新文教授憑藉豐富的藝術管理經驗，結合對藝術文化生態與政策的深刻分析，以生動活潑的文字寫作此書。他在香港與內地培育出眾多優秀人才。書中深入探討藝術管理的核心理念與實務操作，為專業人士、學生與從業者提供寶貴指引。身為其學生，我深感榮幸，學到的知識讓「音樂兒童基金會」得以健康成長，期待更多人能從此書獲益。

龐秋雁女士
音樂兒童基金會創辦人兼行政總監、浸會大學電影學院表演系客席講師

自序

一直認為在人生旅途上能夠擁有「選擇的自由」至為珍貴。高中時，我已選擇了「要開拓自己的人生道路」，大學畢業前更認定了「藝術管理」是我的感召（calling）。從此以後，我在藝術管理的江湖，闖蕩超過四十年。期間雖然有兩次短暫離開了江湖，感恩出現了無可抗拒的「機會」，又把我拉回來。藝術管理是我的人生中，唯一一個長期關注、高度投入的領域，對我的意義超過了職業和事業。

應該說我的藝術管理經歷比較「另類」，曾經擔任很多不同的角色，包括：節目策劃、樂團管理、觀眾擴展、籌募、市場推廣、藝術節統籌、音樂傳媒管理、藝術政策及撥款機構主管等。中年時我更選擇了轉變身份，從前線管理工作轉為培訓人，曾經擔任本港和大中華地區幾百位藝術管理人的老師。至退休前，我的藝術管理工作經歷了九個階段，希望通過這本書分享這些經歷和帶來的感悟。

我也曾經參與不少藝術／文化政策方面的義務工作，包括：為不同的民間文化藝術機構（本地和國際）擔任董事；為政府或公營機構擔任不同委員會的委員；參與評審及政策制定的工作。這些不同的崗位，豐富了我的接觸面和視野，促使我對香港藝術生態和文化政策形成了一些個人觀點，因為生態和政策直接影響藝術管理和推廣，也屬於我的感悟。

這是一本以藝術管理為主題的文集，雖然有不少內容敘述我在藝術管理江湖的經歷，但不是一本「回憶錄」，一方面因為我已經忘記很多細節，同時我覺得分享感悟 —— 通過反思探討藝術管理的核心理念及實務操作 —— 更有意義。這也不是一本藝術管理理論的專著，因為內容並不全面、也沒有經過學術的論證。其實我在 2018 年退休時，修訂了我先前出版的教材《藝術管理概論》（2009 年上海音樂出版社原版，原版及修訂版共銷售約 3 萬本），當時已經完成了我在專業上的心願。

這本書分為三個部分，反映我參與藝術管理的三個面向。上編是作為前線藝術管理人的經歷和感悟，由於管理和公司治理息息相關，因此也加入了我作為「有心人」的一些體會。中編主要為評論文章，分析香港的文化生態及背景，並分享我對香港文化生態和政策的一些個人觀點。下編分享我作為藝術管理培訓人的理念和主要經歷，包括在培訓中我特別注重的一些課題。

我很希望這本書的讀者，不限於藝術管理界的朋友，可以接觸到非藝術管理專業、但願意支援藝術發展的「有心人」。我認識不少這些「有心人」，包括曾經在不同委員會或董事局共事的朋友、曾修讀我「藝術管理」研究生課程的部分非業界學員等。他們當中大部分已成功開展自己的專業，但對藝術推廣很熱心；有些是業餘藝術團體的創辦人，也有一些是藝術機構的董事。一路走來，我深刻體會到藝術發展需要很多「有心人」，通過他們可以更緊密地連結社會，發揮藝術在不同領域的貢獻。同是「有心人」，相信他們對此書內容會有共鳴。

認識我的人相信都知道我工作時很理性，幽默感欠奉。退休人士學習「笑看江湖」，也希望讀者看的開心一點，故此在部分合適的課題嘗試寫得活潑一點。

藝術不斷創新突破，外在環境也千變萬化，而管理需因時因地因人制宜，使我體會藝術管理需要融匯科學（講求證據、客觀）和藝術（個人風格、主觀判斷），沒有標準或正確答案，這也是藝術管理永遠令我着迷的原因之一。

假如沒有中華書局（香港）有限公司方志分社副社長金敏華先生的盛情邀約和百分百支持，這個已經離開藝管江湖、積極探索外間大世界的退休人士絕對不會撰寫此書。他給我動力重新體會趕上本地藝術發展黃金時期的福份，並通過反思使我的經歷得到新的感悟。

能得到「香港文化藝術教父」陳達文博士為此書寫序是我的終身榮譽，他不單是香港藝術文化發展的主要推手、藝術管理宗師，也是我先前幾個服務機構的領導（藝術節和藝術發展局的董事），很感激他多年來的指導和薰陶，更感謝他九旬高齡仍費神認真閱讀拙作並作美言，陳博士是我終生的典範。

另一位賜序的業界好友茹國烈，近年從藝術管理領軍人物升格為教授及作家，通過著作及無數演講深度探討「城市文化」及「文化與可持續發展」等前瞻課題，引起廣泛關注。非常感謝他一針見血地指出拙作的特色。

感恩有五位「天使」願意閱讀此書文稿再提供推薦語（在封底）：李易璇、邱歡智、梁麗珍、魏星、龐秋雁（按姓氏筆劃），她們都是我在江湖不同歷程中結交、武藝高強的「俠女」。我一方面深受感動和滿懷謝意，但同時也為她們投入的時間及精力感到抱歉。

寫作出版等不是我熟悉及善長的領域，幸好到最後階段我得到在這方面非常有經驗的好友岑金倩擔任我的顧問，事無大小都給我非常實用的意見，感謝 Alisa！

我的天使還有為我中篇內容把關的研究專家余雅怡、為我製作圖例的鄭孔淦。也感謝設計師 Nancy Chan 創作漂亮的「美藝金銀島」手繪地圖（及封面），還有出版社編輯黃杰華及同仁的全程協助。

我能在藝術管理找到無窮樂趣，一方面感謝音樂、藝術管理、工商管理眾多老師給我的多方面啟發，另一方面有幸獲得各個前工作崗位的領導、同事、學生及業界合作夥伴的支持，感恩，這個江湖很有溫情。

讓我能夠無後顧之憂在江湖逐夢、犧牲家庭生活的當然是我的至親：父母、妻子和前妻，感謝你們一直容忍我的任性和工作狂，也感謝好友鄺廣正長期為我出謀獻策。

目錄

中編
關注江湖生態：政策評論

下編

藝術管理培訓人：遊走內地與香港

上編

江湖前線
活力人緣最可貴

青梅竹馬與一見鍾情

我跟音樂是青梅竹馬，是由我母親撮合的，因為我七歲時她安排我去學鋼琴（她喜愛鋼琴但年青時沒有機會學習）。不過我小時候很頑皮、坐不住，對鋼琴興趣不大，只是應付式每天練習半小時。

直到我中學考進英皇書院，突然被音樂老師指定替合唱團伴奏並在唱校歌時作為司琴，不是因為我彈得很優秀，而是因為當年英皇很少男生懂得彈鋼琴。因此，不少同學（包括高年級的）要演唱藝術歌曲時都會找我伴奏。忽然間鋼琴成為我的社交工具，讓我認識了不少高年級的同學，令我稍有知名度。合唱、聲樂、口琴音樂擴闊了我的音樂視野，對音樂的興趣也大大提高，開始自己買票去香港大會堂聽音樂會，原來交響樂可以這麼震撼和動人。我也開始認真練琴，後來在學校音樂節拿過兩個小獎。

中學六年級時，我「邂逅」了藝術管理，感謝音樂老師劉惠愛女士選派我為學校音樂學會會長，音樂學會統籌口琴隊、中樂隊、合唱團、週五午間音樂欣賞會的工作，因而我真正有機會組織音樂活動（雖然當時不知道這就是藝術管理）。除了繼續音樂學會的常規活動外，我和副會長劉國英主動籌辦一個聯校音樂會（與皇仁書院和聖保祿學校），我們都很享受這個項目的籌辦過程，一方面有機會鍛煉我們的組織能力，另一方面有機會跟外校學生 —— 特別是女生 —— 合作，讓我們男校學生很興奮。可以說我跟藝術管理「一見鍾情」。

中六需要選課，為考大學入學試準備。我的父母是護理人員，自然很希望我學醫。一方面醫生救死扶傷，另一方面也能帶來安穩的生活條件（母親形容為「康莊大道」）。但在念了一年生物預科（當時考香港大學需要兩年預科）後，我卻選擇考進香港中文大學主修音樂，令我的父母很失望。

作出這個選擇的原因有三，第一是我上解剖課後發覺自己怕血，對報考醫科沒有信心；第二是我對音樂（當時是鋼琴）興趣愈來愈大，第三，相信也最令我父母氣結：我認為醫生的生涯太安穩不適合我，「我不喜歡走康莊大道，希望走羊腸小徑，盡量爭取更多不同體驗」。誠然當年自己對醫生生涯的解讀並不正確，但確實是當年反叛的我的想法，結果選擇（包括開拓）自己的道路也確實是我後來數十年的寫照。

我跟父母討論前途那天，剛好從報章看到香港管弦樂團轉為職業化，要招聘行政人員，我馬上找到「安全門」，告訴父母假如將來不能成為音樂家，也可以做「行政工作」（上天真的有安排啊），感恩父母最後尊重我的選擇。

當年香港中文大學的音樂系規模很小，大約只有 50 個學生，不到 10 位老師。但是師資和設備都很好。主修音樂後我意識到自己在音樂方面的知識非常貧乏，而不少同班同學都非常勤奮，激發我認真學習的動力，不敢浪費時間。努力練琴、看書、聆聽音像圖書館的數千張黑膠唱片兼認識曲目，週末往往也留在音樂系學習而不回家。當時畢業的要求，是要完成一場個人演奏／唱會，或寫一篇研究論文，結果我兩樣都做了。可以說，香港中文大學的學習完全改變了我的心態，我意識到要百分之一百努力才能實現自己的理想。

勤奮學習並沒有影響我繼續「一見鍾情」的緣份，自從高中發覺自己喜歡組織活動後，於中大念書時就主動找機會來「搞搞震」。一年級時我們 12 位「新丁」很齊心，創辦「一年級音樂會」，為入

1976 年中文大學音樂系學生在香港大學陸佑堂演出音樂會，由音樂系系會（筆者時任主席）與港大學生會合唱團合辦。

學時的水平「做個記錄」，音樂會後不久我被選為音樂系系會主席。我就任後很喜歡和投入系會的工作，結果做了兩屆。後來我又擔任崇基合唱團主席，當年並曾應一位師兄邀請出任中大學生會的群育幹事（很慚愧投入度很低）。因為那時社會上很少人知道到音樂是一種專業，系主任紀大衛教授和老師都很積極在校外演出室樂音樂會，致力提高中大音樂系在社會的知名度。系會很認同這個方向，自發地組織同學到校外（如香港大學）演出音樂會，又在校內舉辦「二十世紀音樂雙週」等活動。我一直認為這些「學生活動」的組織經驗為我後來的藝術管理工作建立了扎實的基礎。

雖然我很努力，到三年級也開始明白即使在系內成績可能名列前茅，但不會有機會成為一位專業鋼琴演奏者，因為我二十歲還沒有參加過任何國際比賽。作曲、指揮、教育也不是我興趣所在，倒是覺得組織跟藝術相關的工作很適合我，可以「談婚論嫁」。即使我沒有足夠的演奏才華感動觀眾，但我有能力通過組織活動把自己的愛好與最多的人分享，於是開始計劃畢業後到海外進修這個專業，並找到當時在英國倫敦城市大學開辦的一年制「藝術行政」研究生文憑課程，於是我就滿懷希望地提交了申請。

三年級的時候我還做了一件事後回想起來很「瘋狂」的事，當時閱報得知政府剛成立了音樂事務統籌處，專責在社會推廣高雅音樂，並籌辦樂器訓練計劃。因為參與這些組織工作，使我了解到當時社會大眾對古典音樂的認識不多，很需要向大眾推廣。我覺得很興奮，這正正是社會需要的啊！當時我不知天高地厚，立即寫了一封信求見當年的音樂總監蕭炯柱先生，他竟然回覆並在辦公室接見我，我忘記當日分享了什麼觀點，卻感恩他沒有對我的藝術管理熱情澆冷水，我離開前他還友善地說，假如我畢業後音統處招聘員工，可以應徵試試，然而當時我完全沒有求職的意思，因為打算到英國深造。也許這件「瘋狂」的往事證明我對藝術管理的激情（passion）！

大學四年級接近畢業的時候，我接到倫敦城市大學通知，因為沒有工作經驗，入讀申請不被接納，當時我很懊惱，為什麼我做了不少項目都不被視為經驗，幾年後才意識到不被接納其實是一種福氣。在差不多時間，音樂事務統籌處真的公開招聘音樂專業人員，空缺中也包括負責組織活動的，我馬上申請助理訓練主任（音樂活動）一職。面試不久接獲通知被取錄，於是我在 1978 年 9 月正式上班了。

把自己的愛好與最多人分享

上一節提到我從事藝術管理的信念是「把自己的愛好與最多人分享」。我非常幸運、第一個工作崗位的性質就與此極為吻合。

音樂事務統籌處（MO）於 1977 年成立，當時香港高雅音樂的發展可以說在萌芽階段。香港管弦樂團在 1974 年轉為職業化，第一屆香港藝術節在 1973 年開始了，香港演藝學院還未成立（但一班有心人士籌辦的香港音樂學院於 1978 年開課），不少學校有合唱團，但樂器的訓練（除了鋼琴以外）並不普及，學習管弦樂器和中國樂器的青年不多。

1967 年暴動後，當年的港英政府認為應該為年青人提供更多「健康的消閒活動」，因此政府舉辦露天舞會，其後成立 MO 和康樂及體育事務處，分別推廣音樂、體育和戶外活動。1971 年就任的港督麥理浩本身對高雅音樂和遠足很有興趣，理解到音樂可以作為社會共融的工具 / 催化劑。當年 MO 的工作主要在兩個方面，一方面提供一個龐大的樂器訓練計劃，為青少年提供廉價的管弦樂器和中國樂器訓練班、組織青年樂隊並提供訓練、樂理聽力訓練和舉辦青年音樂營等，另一方面到社區和學校推廣古典音樂和中國音樂，普及音樂文化、也藉此鼓勵更多學生加入訓練班。

這是非常有意義和雄心的計劃，當年首任音樂總監蕭烱柱是位很有魅力和幹勁的領袖，雖然是政務官（AO），但他很有音樂修養，是位很優秀的中提琴手。他找了著名小提琴老師汪酉三出任助理音樂總監（專業），並於 1978 年聘用幾十位當時香港一流的中西樂器老師／演奏者，負責教授各種樂器和培訓樂隊，同時聘用了幾位年青的音樂行政人員（包括我）負責社區推廣和樂團管理的工作。

印象最深刻的是我們這班加入的音樂專業人員（有別於 MO 其他的行政主任和文書人員）上班便立即參加一個兩周全面的培訓班。當時我很興奮，有機會和大師級的湯良德、鄭繼祖、呂其嶺、羅乃新（也是我的鋼琴老師）等共事，還有很多優秀和充滿熱誠的年青同事。

相信第一份工作對「社會新鮮人」（Fresh graduate）來説都是彌足珍貴的學習機會，感恩我在 MO 前後兩年學習了項目策劃、樂團管理和主持人技能，終生受用。

項目管理

作為助理音樂主任（音樂推廣），我負責香港島的音樂推廣。當時音樂總監給我們的指引是：「你們可以設計任何你們認為可以在區內推廣嚴肅音樂的活動，只要做一個清晰的計劃，包括財政預算，假如我審核後同意，你們就可落實。」有這麼大的自由度實在太美妙了！第一年我們團隊負責策劃的兩個活動至今仍印象深刻，我們希望向中環白領推廣嚴肅音樂，於是在安樂園大廈找到一個能坐 100 多人的房間，舉行「午間幻燈片音樂欣賞會」，讓白領可以在吃午餐的同時，欣賞我們篩選的、通過高級音響器材播放的優美樂章，同時觀看配合音樂的幻燈片，印象中出席者對這種午休放鬆的模式反應不錯。

此外，我們邀請了港島 15 間中學共同策劃了一個聯校音樂會。一般的聯校音樂會由不同學校負責不同項目。我們的特色是深度交流，一方面為這活動組織聯校合唱團、聯校口琴隊、聯校中樂團等在音樂會演出，另一方面整個音樂會的策劃組織工作由同學負責。每間參與學校推薦兩位同學加入籌備委員會，我和同事只擔任顧

● 1981 年是匈牙利作曲家巴爾托克一百周年紀念，筆者在音樂事務統籌處策劃一系列紀念活動。

問。這個活動讓我充分體會中學生若有共同目標可以發揮巨大的能力，並清楚看到同學們的成長。用今天的教育思維來解讀，可以說通過藝術管理（項目管理）和創業思維（entrepreneurship）學習。今天回想起來仍為同學們的「團隊精神」驕傲！

1981 年是匈牙利作曲家巴托 Béla Bartók 誕生一百周年紀念。我一直很喜歡他既有強烈民歌風格又採用現代手法的作品。於是我向上司建議音統處籌辦一個紀念活動系列，包括音樂會、講座等，後來獲得批准。音樂會還安排了他的作品「對比」（單簧管、小提琴、鋼琴）的香港首演。這個音樂會也吸引了一批比較資深的樂迷。從節日策劃的角度，我試驗了利用特別的紀念年份、介紹作曲家／藝術家的作品，藉此提升對他們的了解。

樂團管理

我在音統處前後工作了三年，但第二年「停薪留職」去了紐約進修[1]，所以回來後轉換了一個崗位，從負責地區推廣工作改為處理一些「中央」事務。其一是擔任香港青年交響樂團（YSO）的經理[2]，其二是擔任汪酉三先生的私人助理。我很感恩又有學習的機會。當年 YSO 是香港最優秀的青年樂團，經理需要處理團員事務包括出勤、安排排練及演出場地，聯絡指揮及獨奏者、音樂會組織、宣傳等大小事務。從前我未有機會擔任管弦樂團成員，所以這個工作經驗對我是難能可貴的。擔任汪先生的私人助理使我更理解領導層的關注，認識易位思考、人際關係和細緻規劃的重要。汪先生是一個非常嚴謹的人，做任何事都準備充足。每晚十時三十分左右，他就會致電我家（當時仍未有手機，通常我母親接電話），跟我審視翌日工作的細節。汪先生認真的工作態度對我有很大的啟發。

主持人

我們一個恆常的職責是每週聯絡安排大概二至六個「樂韻播萬千」學校音樂會，讓 MO 的弦樂／管樂／中樂音樂小組、西樂導師樂團、中樂導師樂團到不同的中小學演出。我們也要為這些演出擔任主持人，介紹樂器和樂曲等。

我並不是一個擅長演講的人。但在 MO 最忙時每週須擔任 6 個音樂會的主持人，雖然有既定的主持講稿，但在不同的學校因應學生的不同反應要微調內容，使學生開心又專注地（不能失控）欣賞及理解樂曲。這工作提高了我的公開演講能力，同時深刻體會到針對不同觀眾要用不同的策略，對我後來教學和市場推廣工作非常有用。

音統處的工作對我來説是一份「夢想的工作」，既能發揮又有機會學習。不過，我 1981 年獲得英國文化協會的獎學金，前往倫敦城市大學修讀藝術管理研究生文憑，故只能依依不捨地離開。

註釋

1 雖然知道自己沒有能力成為一個專業鋼琴演奏者，但還是希望發揮自己在這方面的潛能，所以我自費到紐約曼哈頓音樂學院修讀了一個音樂碩士學位，用一年時間完成兩年課程。

2 香港青年交響樂團 1963 年成立，1977 年由 MO 接管，當時指揮為施東寧和汪酉三。

修煉藝術生財能力

大多數的高雅藝術活動都無法僅靠市場生存，因為它們屬於人工密集型產品，無法像一般商品般大量複製降低成本，同時市場有限，但因為它們具崇高的藝術價值，是人類文明的結晶，故此獲得政府補貼和民間支持，以非營利機構模式運作。藝術管理其中一個重要範疇是籌資，為非營利的藝術機構開展各種收入管道，包括政府及基金會的資助、企業贊助、私人捐助，它的成績影響機構的財政能力。在香港，我們很缺乏這方面的人才。

我很幸運、第二份工作就有機會參與籌募工作（不包括政府資助），並且在香港管弦樂團（港樂）工作，修煉我作為藝術管理人的「生財能力」。這個經驗對我其後的藝術管理工作和專業發展有很大的碑益。

香港管弦樂團是一個非營利有限公司（慈善團體），1974 年職業化後得到市政局和政府年度補貼，也獲得一些企業和善長人士的贊助和捐助。1982 年港樂希望增加一個穩定的收入來源，所以仿效美國樂團、籌募建立一個基金（Endowment Fund），期待基金每年的投資收益可成為樂團未來的額外收入來源。當時樂團高層已經做了很多前期策劃，然而還需要為基金籌募計劃物色一位「籌募聯絡主任」。

那時我剛完成倫敦的藝術管理研究生文憑回港，樂團總經理杜輝尊面試後認為我是適合人選，其實我也成功申請了一個藝術場地的節目策劃職位。我有四天的時間在兩者之間作出選擇。港樂的籌募工作很有挑戰性，但我相當擔心能否勝任，因為我不是來自上層社會家庭，沒有富裕的親戚朋友的網絡協助；加上我已經有節目策劃的經驗，能在非政府的專業藝術場地策劃節目也很吸引。

結果我選擇了接受挑戰，意識到籌募方面的經驗非常難得和重要。事後回顧，這是我職業道路上最明智的決定之一。上班後我很快理解到籌募大筆捐款的成效在於策略的設計和搭建的網絡，後者就是募集合適的社會賢達成為機構的「聯繫人」（發展委員會的委員，負責向他們的朋友游説）。行政人員的角色就是草擬策略和籌募架構、招募和協助「聯繫人」，做好關於潛在贊助者 / 捐助者的調研和後續的跟進工作。其實在我加入前，港樂基金的宏觀策略和籌募委員會已經組成，最重要是做好支援、宣傳和統籌工作。

港樂基金的籌募目標是 5,000 萬元。其實從籌募委員會的委員組成已經顯示籌募的策略。主席是當時滙豐銀行和賽馬會主席沈弼，其他委員都是香港的首富，包括邵逸夫爵士、霍英東先生、鄭裕彤先生、李嘉誠先生、董浩雲先生等。籌募基金在 1982 年正式公佈後，主腦人物與最有能力的捐助者在不同的董事會後「談心」，數月間已獲得幾筆大額捐款，共籌得 1,500 萬元。

不幸的是，1983 年香港碰上大股災，經濟跌至低谷。在逆市下無論個人或企業的捐助金額必然減少，假如一個有能力捐 100 萬元的捐助者如今只捐 30 萬給你，那是得不償失。在這種環境下，整個籌募運動只好暫時停頓，我和我的助理曾經有幾天在思索：「我們要幹什麼？」

也許命中注定我們不能停下來！港樂當時的推廣宣傳經理余少華（我中大音樂系同屆同學）剛好辭職，要到外地升學，總經理靈機一觸，問我可不可以兼任余的職務。我對市場推廣一直有極大的興趣，留學時也特別喜歡這一科目，故想也沒想便接受了，於是成為籌募及宣傳經理（負責籌款的人員英文一般稱為「發展」），領導一個幾個人的小團隊。

此後我大部分的精力都投到市場推廣中（下章分享），但籌款工作也沒有完全停頓，只是我們把重心放在籌募年度經費而非基金。我們啓動了年度的「捐款者晚宴」（感謝贊助和捐助者，當然也提醒他們繼續和「加碼」），並曾經主辦一個「音樂百萬行」，從山頂公園走到鰂魚涌，沿途還有樂手演出和展示音樂展板。

港樂和其後香港藝術節的籌募經驗使我深深體會籌募工作既科學又人性化，我很同意後來在藝術節負責籌募的同事李敏慧形容 fundraising 為 friends-raising（募集朋友），雖然這些「朋友」需要有一定的經濟能力或影響力，彼此（藝術機構與他或他服務的機構）也需要共同的關注點，大家才可以達成「連結」。

因此，調研是籌募成功的關鍵，籌募者必須不斷留意政府、企業和慈善家的最新動態，為機構尋找和創造機會，建立「潛在贊助

／捐助者」檔案，收集相關背景資料，嘗試認定彼此的「共同關注點」。美國籌募專家凱倫・霍金斯（Karen Hopkins，其著作《藝術籌募》*Arts Fundraising* 被很多藝術管理課程用作教材）有一次應邀來港分享，提到她每天花四小時閱讀報章雜誌收集資料（那是還沒有網上媒體的年代）。

藝術資助、贊助、捐助都不是無條件、無原因的。政府或基金會資助你的活動，是因為你的項目協助撥款機構落實他們資助的目標，還有你的往績證明你的可信度；贊助者一般是因為彼此的服務群體（市場）相若，你的活動能幫助他們達到品牌或營銷的目的。你也許認為捐助是無條件、不需回報的，表面如是，但他／她為什麼捐贈給你的機構，是因為他／她認同你的使命、工作或某一項計劃（例如捐贈學生票），捐款支持你的工作讓他感覺做了「好事」，感到快樂。要鼓勵他／她繼續捐助就要讓他／她看到捐款帶來的影響！

有籌募經驗的人都知道要找一個新的「朋友」比留住一個「老朋友」難度高很多，我們應該善待贊助／捐助的「老朋友」，與他們保持良好的關係，一方面與他們分享機構的資訊，有重大活動邀請他們出席（最低限度為他們提供 VIP 訂票管道）。很多捐助都是年度性質，假如希望再獲得捐助，那就需要提醒捐助者（往往需要多次提醒）。我曾經捐款給一些本地的藝團，除了收到他們的感謝函和收據外就沒有再聯繫我，但是我在美國進修的大學幾十年來不斷向我募捐。

個人力量永遠有限，藝術管理人的人際網絡也許不多「有一定的經濟能力或影響力」的朋友，假如能建立籌募架構，成立專責的委員會（或董事局下屬的小組），邀請不同背景／專業的委員作為機構的「聯繫人」，那麼影響力就不一樣了。中小規模的藝術機構找到贊助或捐助者的機會確實不大，因為還沒有建立機構的品牌。不過你可以盡量尋求不涉及金錢的「合作伙伴」，或許小額的「實物贊助」（sponsorship-in-kind）。假如你的活動有不少持份者參與（在海報上看見不同公司標誌），表示你獲得社會人士的支持，逐步建立你的品牌。

在港樂籌募的經驗對我來說非常寶貴，因此我不斷鼓勵更多年青藝管人投身藝術籌募工作。

ISPA 頒獎禮

把蛋糕做大

要實現我「把自己的愛好帶給最多的人」的初心，策劃合適及有吸引力的節目是途徑之一，另一途徑便是通過營銷／市場推廣接觸最多人，因此在港樂負責市場推廣對我也是夢寐以求的工作。

1980年代早期，港樂每週五及週六晚上在香港大會堂演出一套節目，當時的觀眾接近一半是外國人。對營銷人員來說，每一套節目就是一個挑戰，需要制定相應的營銷計劃，包括釐定針對觀眾群、獨特銷售賣點USP、推廣管道等，也要製作海報單張、發新聞稿、聯絡媒體宣傳等，誠然節目本身的吸引力（如指揮、獨奏、曲目）非常影響賣座，因為資深樂迷是根據這些因素決定是否購票，而有效的宣傳推廣能凸顯節目的特色，影響樂迷的購票意願。

除了以上提到的基金籌募運動外，杜輝尊也引入英美的套票（subscription）計劃。套票對提升觀眾忠誠度和成本效益絕對有效，從營銷角度而言，投入於銷售每一張門票的資源絕對比銷售一張套票（涵蓋幾場演出）大，故此藝術機構願意為套票訂戶提供可觀的折扣作為吸引招徠。從藝術的角度考量，參與多場節目可以接觸不同的作品，肯定會提升觀眾對交響樂的認識和興趣。

然而，觀眾是否願意在幾個月前綁定自己某天晚上出席音樂會是一個很大的挑戰，我們也知道有些樂迷是幾個人聯合一起買套票的；港樂也為套票訂戶提供換票服務，例如同一節目週五換到週六。如何使套票（或早鳥票）具吸引力是藝術行銷人員的終極挑戰，消費者永遠是羊群心理，人氣低的餐廳大家不願意進去，大家搶購的東西則更多人排隊（香港藝術節是一個很成功的例子）。

我面對比較特別的挑戰是 1984/85 年樂季（職業化後十周年），套票由半年期轉為一年期，樂迷需要在夏季決定未來十個月出席音樂會的日期。為了鼓勵大家訂購，我們推出了一個大抽獎，頭獎樂迷可以雙人免費到東京欣賞卡拉揚指揮柏林愛樂的演出，樂迷知道這場音樂會的門票有錢也極難買到[1]，套票計劃引起了他們的關注和討論，結果套票銷售成績理想。1985/86 年推出了 16 種套票、大約 2/3 門票由套票方式售出，當年大會堂音樂會的上座率為 92%。[2]

要做好營銷，對市場（觀眾）的了解是關鍵，有效的營銷需要知道觀眾的背景、消費習慣、消費態度（包括購票的考慮因素）、對機構的認知度等。我在英國的其中一位年青老師嘉露蓮・加顛亞（Caroline Gardiner）每年為倫敦的西岸劇場（主要為商業劇場）做觀眾調查。我邀請她來港用專業方法替港樂做了一個全面的觀眾調查，調查結果幫助我們「對症下藥」修訂營銷策略，其後我在藝術節工作也做了類似的調研。

藝術機構一般的營銷活動主要針對「現有觀眾」，通過有效的宣

香港管弦樂團 1984 / 85 樂季套票小冊（及十周年紀念幸運大抽獎）

傳及推廣促使他們購票。但獲得大額公共資助的旗艦藝團一般均有「在社會上推廣該藝術形式」的責任，因此組織會安排一些以「觀眾擴展」為目標的活動。1982 年港樂開始在新啓用的體育館（灣仔伊利沙伯體育館和紅磡體育館）舉辦「普及音樂會」（Pops Concert），這些音樂會主題都很大眾化，例如「電影音樂」、「百老匯音樂」、「中國名曲」等，有的節目更邀請流行樂壇的天王巨星，例如羅文、關正傑等同台演出，港樂一改高雅嚴肅的形象，與更多的市民建立關係。

我很認同這個「普及」的新方向，但對市場推廣工作是一項超大的挑戰。這些在灣仔伊館及紅磡體育館舉行的音樂會，一套節目要吸引 10,000 到 40,000 觀眾（週末做三至四場），是一般在大會堂舉行音樂會（兩場約 3,000 觀眾）的很多倍。當然有危也有機，因為票房收入大增也可以投入可觀的市場推廣經費，我們可以買報章的全版廣告，甚至電視廣告，這都是過去無法負擔的。最高峰那一年港樂推出了六個「普及音樂會」節目，觀眾達 14 萬人次，那個樂季（1984/85）聽眾總人次首次達到 25 萬。[3]

當然也有一些藝評人反對港樂為流行歌星伴奏，我通常向他們解釋這些普及音樂會如何配合我們整體的「觀眾拓展」理念：

一、推廣和普及古典音樂是我們使命之一，而普及音樂會是我們的「觀眾拓展」的基礎，藉此連結最多市民。

二、因應觀眾不同的觀賞口味和能力，我們提供不同觀賞層次的節目，「普及音樂會」的主題不限於流行音樂，也有「中國名曲」，

"Hooked on Classics"（古典精華）等。港樂在新界場地演出的節目較多採用中國主題和選取熱門的古典作品，使觀眾有更多選擇，逐步提升他們的觀賞能力。事實上，港樂的本地觀眾逐步增加。

三、鼓勵不同層次觀眾跨越（cross over）其他層次節目是我們的核心策略，一方面通過教育（講座／課程／出版），另一方面通過促銷策略，例如我們曾經提供半價優惠給一場以中國名曲為主題的「普及音樂會」觀眾（約 10,000 人），鼓勵其參與稍後在荃灣大會堂的一般音樂會，結果有 5% 的反應，替荃灣音樂會賣了一半坐位。

四、「跟進」是觀眾拓展的核心，要把新觀眾（第一次參與）培養成為「有購票習慣」的觀眾才是目標，所以我們積極收集觀眾的聯絡方法（包括送贈紀念品），以便有管道跟進，當時我們建立了約 40,000 人的資料庫，可以向其推廣其他活動。

其實「觀眾拓展」在當年有一定的逼切性，因為 1989 年港樂將會轉到新的香港文化中心演出，那裏的座位比大會堂音樂廳多了一半，當年我建議成立「樂友社」（Friends of the Philharmonic），就是希望通過各種活動與觀眾建立更密切的關係。杜輝尊支持我需要積極拓展觀眾的概念，並為此加設一個行政職位。

我在港樂最後一個大項目是參與 1986 年樂團第一次到中國內地巡演，在杭州、上海及北京演出。作為市場推廣及公關負責人，我需要安排所有的公關活動（宴會酒會）、當地媒體採訪及照顧隨行的中外媒體記者／樂評人，還有在大小場合擔任翻譯。那時極少境外藝團到內地演出，在各種安排和接待方面，我們自然需面對不少困難和危機，感恩觀眾和所有持份者反應都很好。

港樂那幾年工作量十分大，幸好我有一個很合拍、超有幹勁的年青小團隊，大家都不介意超時工作。每天大概五點半正式下班時間，我的助理伍詠梅就會外出買很多零食回來，整個團隊包括駱錦蘭、李建璋等飽餐一頓後繼續工作，往往晚上八時或九時才離開，包括為我們提供設計服務的設計師吳名世（Joe Ng）本人也是超級古典樂迷，工餘時間整個團隊會一起遠足。

普及音樂會

當然，工作時間長和壓力太大對我的心理健康很有影響，在那工作四年（中國內地巡演後）我覺得非常疲倦、失去動力、也看不清未來作為藝管人的發展，於是決定辭職再深造。

註釋

1 港樂與日本經紀公司的關係很好，可以買到門票，音樂會太吸引了，結果我也自費陪獲獎觀眾參加。

2 周凡夫：《愛與音樂同行：香港管弦樂團 30 周年》，香港：三聯書店，2004，頁 295 及頁 319。

3 同上，頁 319。

小風寒與固本培元

我也曾經暫別藝管江湖，第一次是服務香港管弦樂團四年後心力交瘁辭職，回到學校進修音樂學，其後暫代朋友在香港演藝學院兼任音樂歷史講師，第二次是 2004 年到汕頭大學工作。

1987 年香港藝術節招聘總經理，進行了一年也沒有成果，後來通過當時香港藝術中心總經理曾歷豪（Nick James）邀請我去面試（因為我之前沒有申請），很快接到通知他們認為我是合適人選，希望我盡快上班。

當年香港藝術節已經成立十五年，無論在本地還是國際上都建立了不錯的聲譽，應該說體質挺好。之前的「一把手」都是外國人（當年香港管弦樂團和香港芭蕾舞團總經理也是外國人），所以委任當年三十二歲的港人出任總經理引起不少媒體的注意，其實當年大部分的藝術管理人都是服務市政局及區域市政局公務員，政府以外的從業員並不多。

任何一個機構一年半沒有行政領導總會有一籃子的問題待解

決，這是我認為的「小風寒」。雖然這段時期董事會副主席潘恩先生剛好從香港旅遊協會總幹事崗位退任，可以暫時幫忙處理藝術節的重大事項，我 1988 年 5 月接任後馬上要面對三大挑戰，其一是來年 1989 藝術節（我接任後首個藝術節）籌備工作滯後，我剛上任負責節目和營銷的兩位經理辭職。其二是演藝發展局當年給予藝術節 1988 / 89 年的資助不足，將會影響 1989 年藝術節的營運。其三是我們接到來自香港藝術中心的合併建議，把香港藝術中心、香港藝術節和香港演藝學院演出場地的營運合併。

我見招拆招，人事方面我馬上游說有能力又意見相近的朋友幫忙，包括梁掌瑋出任助理總經理、鄧潔儀出任營銷經理、陳海昌出任節目和出版經理，楊惠擔任節目主任等，並邀請香港藝術中心提供部分專業服務（財務、票務）。很感恩這班「天使」都超能幹和投入，工作通宵達旦，加上大家早對項目管理、籌募、營銷工作具備經驗，趕及在 1989 藝術節開幕前把所有籌備工作完成。其實 1988 年下半年，我基本上每天只有四五個小時睡眠時間，幸好當時年輕，體質尚可承擔。

政府撥款不足其實是溝通出了問題。因為先前藝術節積累了一些盈餘，與政府協議暫時減低資助額令儲備金減少。可惜數年後儲備已經接近花光，但政府資助仍維持在「減低資助」的幅度，所以收支不能平衡。當年政府負責資助（及監管）藝術節的官員簡何巧雲（Rachel Cartland）非常幫忙，願意到立法局為我們申請追加撥款 “Supplementary Funding”。到立法局當然要面對議員的質詢，我記得有一位議員認為我們的行政費用過高，另一位比較中肯則表示「不到百分之十算是合理」。無論如何，我們的要求得到通過，非常感謝當年 Rachel 的幫忙。

至於來自香港藝術中心的合併建議，自然要董事局討論，作為總經理我要準備相關資料分析利弊。很明顯合併對藝術節只有行政上的便利（可以與香港藝術中心共用人力資源），但失去藝術節多年建立的良好品牌和持份者。當年香港藝術節和香港藝術中心的主席和副主席分別是邵逸夫爵士和潘恩先生，他們很清楚身處不同的位置要以那個機構的最大利益為考慮，我的分析獲得所有董事的一致支持，所以這個挑戰也解決了。

能逐級克服挑戰不單因為管理團隊的齊心協力，我認為香港藝術節機構本身的「體質」很好，有多方面的「强項」，成立十五年來建立了很強的社會支援網絡，以及實事求是、高效的機構文化。藝術節首任藝術總監是英國人 Ian Hunter，他先前是愛丁堡藝術節的藝術總監，最初幾屆藝術節他請來的都是國際明星級的藝術家／藝團，馬上為香港藝術節建立了國際聲譽。高質素的節目也很快贏得本地觀眾的信任，建立香港藝術界的「品牌」。有業界認為一個節目安排在藝術節演出，銷售會比在其他時間多兩成。這些具持續性、珍貴、獨特的競爭優勢令我們的工作事半功倍。

藝術節成立後首三年完全自負盈虧（三年後才獲政府經常性資助），所以與商界及當年上流社會的關係很密切，從一開始即動員各大企業集團、銀行、富商、各國領事支持，建成很廣泛的「關係網絡」。除了董事局出錢出力外，當年還有一個影響力很大的「婦女歡迎委員會」，專責接待訪港的藝術家。委員都是各國領事夫人或大企業的總裁夫人。她們在藝術節開幕前數月開始聯絡負責接待的藝術家，自我介紹並讓藝術家選擇排練演出外的參觀活動，大部分藝術家都被她們的熱情接待感動，增加了對藝術節和香港的好感。社會領袖落力參與，這是很珍貴的。

我加入藝術節的時候主席是邵逸夫爵士，他自第三屆藝術節已開始擔任主席，直到在 1992 年退休。當年他是香港娛樂界及流行文化界的「天王」（邵氏影業及無線電視），對藝術節非常支持。那時藝術節開幕有個戶外開幕禮，由無線電視免費直播，還免費安排四個節目介紹每年藝術節的精華。我為邵爵士服務時他已經 90 多歲，但思路非常清晰，在董事會發言一針見血。我最欣賞是他早年樹立了藝術節「不送票」的原則。藝術節的所有董事（包括他）每年只獲邀請參加藝術節的開幕演出，出席所有其他演出都需要自資購票（邵爵士也不時買數十張請客）。既然主席買票，其他委員當然效法，政府官員和其他社會賢達自然自掏腰包。這不單減少了藝術節贈票的支出，也令所有持份者了解機構實事求是的作風。

我擔任藝術節總經理最初約一年半裏，大部分時間花在行政和營運方面，一方面建立理想的管理流程和模式需時，然而到 1990 年行政上已相當穩定，讓我們可以投入較多的時間思索大方向的問題；另一方面，藝術節的大型節目（歌劇、芭蕾舞、交響樂等）一般需要兩年前規劃，應該說 1991 年的藝術節才真正反映我們這個管理團隊各方面的理念。

因為藝術節每年把所有節目集中在數週內舉行，所以整體策略及時間管理極為重要，行政人員須承受很大壓力，也是體力的挑戰。

我經常勉勵自己和同事的一句話：「藝術節是一個金漆招牌（當時還未流行説品牌），不要讓它敗在我們手裏。」

1989 香港藝術節開幕，時任港督衛奕信爵士、藝術節主席邵逸夫爵士和總經理（我）合影。

建立國際藝術節的本地特色

作為一家機構或團隊的負責人，在保持機構高效營運以外，當然要關心機構的發展方向、宗旨和發展策略，令機構與時並進，對社會作出最大的貢獻。

我在 1988 年獲委任的新聞發佈會上，曾經分享兩個未來發展構思，其一是增加創新和比較另類的節目，此外希望擴展藝術節的觀眾。後來我們定期在藝術節做觀眾調查，以了解觀眾的消費行為和態度，結果知道約有 20% 的觀眾願意購票觀賞創新和比較另類的節目。我們根據這資料對節目作小心調整，例如 1990 年引入十二世紀音樂劇《獅吼但以理》（*Daniel and the Lion*），1992 年搖滾舞蹈《來來來齊共舞》（*La La La Human Steps*），到 1994 年我們覺得時機已經成熟，更推出前衛節目「前線系列」（Cutting edge series），系列內幾個節目都屬於小型製作，風險有限。

香港沒有常設的歌劇院，因此藝術節每年的歌劇演出影響很大（資源的投入也極大）。我的前任史迪敦（Keith Statham）在 1987

年嘗試自組團隊製作在藝術節演出的歌劇《飄泊的荷蘭人》(*Der Fliegende Holländer*)非常成功。我們接任後很希望能推出在香港未曾公演的重要歌劇作品，因此 1990–1994 藝術節繼續自己製作歌劇，推出包括《玫瑰騎士》、《費加洛的婚禮》等製作。藉着藝術節逐步建立本地的歌劇製作團隊，但本地製作也需要承擔較大的風險(比如選角等)。

在我加入之前，藝術節已經安排先前協助 Keith 安排部分國際節目的施力 Joseph Seelig(倫敦國際默劇節的創辦人)擔任國際節目總監，並向我負責。因為我和 Grace 都有音樂和節目策劃的經驗，加上對香港市場的了解，所以我們對節目提出很多意見，同時增加本地的節目策劃人員(鄺為立)。在我離開藝術節前一年，主席鮑磊要求我釐清藝術和行政的分工，於是我建議正式委任 Grace 為節目總監(向行政總監負責)，由她逐步建立很優秀的本地節目團隊。

我一直很欣賞在歐美比較常見的「主題式節目策劃」，既具吸引力也有教育意義，是「提升」觀眾水平的上佳策略，雖然我明白節目本身的吸引力最關鍵，觀眾不會因「教育意義」買票。1991 剛好碰上莫扎特逝世二百周年，藝術節乘機推出「莫扎特 200」系列，數十場節目涵蓋他的歌劇、鋼琴協奏曲、歌曲及本港首個古鋼琴獨奏會，演出的名家包括傅聰及華沙室樂團、保羅・伯杜拿—斯高特(Paul Badura-Skoda)、女高音艾利・安美玲(Elly Ameling)等。同年也推出三個節目的「拉丁美洲舞蹈系列」。

我和 Grace 認為香港藝術節應該和本地藝術家有更多的聯繫，所以 1992 年藝術節二十周年，我們就辦了一個特別節目「香港表演藝術日」，那天邀請香港藝術家在不同的文化場館演出，門票一律只收 20 元。除了香港表演藝術日，那一年節目擴展至新界的文化場地（沙田大會堂、荃灣大會堂、屯門大會堂），新界的演出由區域市政局主辦和資助。先前藝術節的演出場地集中在市區，因為我們其中一個主要資助者為市政局。

藝術節的入座率一直很好，除了觀眾對節目有信心外，我認為歷任營銷人員建立的行銷策略很成功，使觀眾感受到「搶票」的壓力。此外，只在優先／郵購訂票時期提供折扣優惠（僅限最高的兩檔票價），不會在其後提供折扣或送票。其實對行銷人員是一個頗大的考驗，因為每年數十個節目裏總有部分是「濟銷」或「慢熱」，她們需要想方設法推銷這些節目。早年的藝術節，是少數藝術機構願意投放大量資源製作精美的「節目及訂票小冊」、它分派超過十萬份，因為通過問卷調查，我們了解 85% 的觀眾是根據訂票小冊的資料決定購買哪些節目，其他宣傳管道大多只是擔任一個輔助／提醒的角色，所以投放於小冊的資源非常合適。

邵逸夫爵士在 1990 年退休後，主席一職由當時立法會議員兼怡和集團中國主管鮑磊接任。他也是超級大忙人，但時間管理很有心得，處事目標明確、快人快語、有原則、效率很高，是一位很好的「領袖」。1992 年藝術節後，他提出我們要進行一個戰略規劃，當時我未經歷過戰略規劃，大家根據他的指示和檢討的框架，董事會和主要員工進行了反思和討論，修訂了藝術節的使命宗旨和定位，並訂立未來五年的主要發展策略（包括藝術、財務、營銷及人事方面）。

藝術節更新了使命宗旨，從先前的「主辦一個高水準的、具有國際地位的藝術節」改為「主辦一個反映香港特色、具國際地位的藝術節」。在這個目標下制訂了節目內容及財政方面的新策略，包括強化本地藝術家參與的措施：委約作品、推出藝術節特別製作、安排本地藝術家與海外藝術家合作等。在財政方面增加贊助以減少對公共資助機構的依賴，並提出五年內提升贊助及其他收入，由 20% 至 25%，公共資助由 45% 下降至 40%，至於其他控制風險的措施在這裏就不提了。

這個五年的發展策略清楚釐定了藝術節未來的發展道路，對董事局、員工和合作伙伴是很好的指引。我非常感激鮑磊讓我認識了戰略規劃（後來在 EMBA 課程有更深入的了解），其後在我所有的工作崗位上都能用上這個方法，包括擔任董事的藝術機構。

● 1993 年香港藝術節節目小冊

我離開藝術節已經超過三十年，現在仍然運作的藝術節青少年之友 Young Friends 應該是我那時創立最「長壽」的計劃。計劃與當年其他機構的觀眾擴展活動有幾方面的不同，第一是要求參與者付費（雖然價錢很低），學生自由參加代表他們真的有興趣；第二是要求學生提供他們的聯繫方式，藝術節可以直接聯絡學生跟進（不須經過老師）；其三是學生觀賞的節目是經過特別挑選的，以適合他們的觀賞程度，不是利用沒有售罄節目的座位；其四是提供演出前導賞、教材冊、觀賞後的工作紙，讓學生深度學習；其五是通過蓋印制度提供出席記錄，並鼓勵同學參加指定演出以外的活動。感恩這個計劃後來經過不同年代負責職員的努力，發展成為一個深受歡迎的全年活動。我最感動是不止一位先前的 Young Friends 後來成為這個計劃的負責人。

在藝術節工作最開心是有一班能幹、投入、價值觀相近的好同事，包括第一位發展經理李敏慧和現任行政總監余潔儀（當時曾短暫任英語編輯），大家的目標都是高效，快樂地把工作做好，享受工作成果，當中沒有辦公室政治，我感恩能在這種機構文化下工作六年，把自己在藝術管理方面很多的想法落實。

平衡的藝術

離開藝術節前我沒有任何安排，只希望好好休息一下。當時香港電台高層問我有沒有興趣擔任第四台台長，我的音樂專業知識可以派上用場，合約公務員的薪酬福利也相當吸引，於是我休息了約半年、完成招聘程序後上任。

香港電台是一個政府部門，第四台在 1974 年成立時是一個英文電台，1982 年才改為雙語廣播。第四台只有約 10 個人的全職團隊，很多主持人都是自由身兼任，大部分聽眾都是古典音樂愛好者，對四台有很高的忠誠度。因為以播放音樂為主，也吸引了一批不喜歡聽主持人高談闊論的電台聽眾。對這些忠實聽眾來說、只要選播的音樂大部分是主流的古典音樂，加上主持人精簡的介紹，他們便很滿足，但也有少數比較年輕的聽眾喜歡主持人或嘉賓多分享音樂上的知識，包括樂曲背景資料、演繹評論、樂壇消息等。港台的一個強項是定期進行聽眾調查，我上任後也特別安排了一些聽眾論壇收集意見，所以我們對觀眾的取向相當了解。

因為電台雙語廣播，需要用英語及廣東話交代播放樂曲的作者、曲名及表演者，對主持人的語文能力和修養要求甚高。第四台的聽眾教育程度偏高，有不少外國聽眾，包括當時的政府高官，他們若對節目或主持人的素質不滿，往往會向港台最高層投訴。從高層管理人的角度，相信這個照顧小眾利益的頻度最重要是滿足忠實聽眾。

另一方面，因為第四台是香港唯一的音樂／藝術傳媒，聆聽電台節目又是免費的，我認為是「觀眾擴展」及藝術教育的最佳平台，也可以推廣不同樂種例如爵士樂和早期音樂、民族音樂等。英國 BBC 第三台在英國古典音樂生態中發揮巨大的影響力。仔細分析，我認為最大的挑戰是如何平衡不同觀眾的取向，以及小心調控他們的期待。其實當時第四台已經在不同的「時段」安排不同的音樂類別和主持風格，關鍵是要強化這些時段和增加宣傳，使聽眾更清楚。雖然電台大部分時間以播放音樂為主，但晚上七至八時的非黃金時段就會安排有特定主題、音樂評論及分析，以及具教育性的節目。晚上十時後的「夜心曲」則比較感性、凸顯不同主持人的個人風格！只要聽眾事先理解不同時段的特色，就可以作出選擇。

我加入電台後的第二年，即 1995 年 6 月份，就推出了一些新的方向和節目，希望達到四個目標：

一、提供「入門」節目以吸引新觀眾，由當時很有人氣的洪朝豐和第四台受歡迎主持人鄺思燕合作，主持「邊個驚古典音樂」。

二、提供高層次節目以提升樂迷欣賞力。由權威樂評人鄭延益主持，分析音樂大師的不同演繹方式的專題節目。

三、推出針對學生的教育節目。由紀大偉教授和紀莫樹玲主持的「鋼琴考試」，分析英國皇家音樂學院不同級別鋼琴考試的樂曲，並作出示範，英語版紀大偉教授主講，粵語版紀太主講。這個節目非常受琴童和鋼琴教師歡迎，重播了很多年，甚至有深圳的聽眾收聽。

四、推出藝術新聞／活動資訊類節目，由林偉才主持每日五分鐘的「藝壇快拍」。

雖然新形式的節目引起一些聽眾的關注，但總體來説反應還是正面的，所以一年後（1996）再推出兩個新節目，一個是由著名鋼琴家羅乃新與她兒子曾思健主持的親子節目「親親童樂日」，她的創新與親和力吸引了很多兒童觀眾，上述不少新節目都是當時任高級節目主任的鄺思燕設計。此外，蕭樹勝開展了一個教育性節目「音樂教室」，專門分析中學會考音樂課程的 52 首作品，對應考學生來説是「必聽」的節目，發揮了第四台的教育功能。

1997 年香港回歸祖國，香港受到全世界注目，第四台一直有與世界其他的古典音樂電台交換節目，我們趁機製作兩個分別介紹香港樂壇和香港作曲家的節目（陳慶恩教授和陳明志教授製作），與我們的國際友人分享香港的音樂狀況。

我在任期間還有一個措施是我很認同的（是最高層的管理安排）：第四台成為中學會考英語聆聽考試（English listening test）的轉播平台，雖然整個考試不足一小時，但安排上很具挑戰性，首先要讓考生知道和熟習如何收聽第四台，同時廣播技術上一定要完美，保證考生接收大氣電波無誤。這個問題由港台的工程部門解決；為了讓考生知道和熟習收聽第四台，我們在學校下課時間特別安排提升學生英語聆聽能力的節目，讓考生好好備試，節目前後還會播放一些優美的古典名曲，一方面希望透過優美的樂曲為學生減壓，同時也希望他們愛上古典音樂。

每年播放「英語聆聽考試」的那個早上，大家還是非常緊張的。我記得有一年因為交通事故做成新界大堵車，負責帶考試錄音帶到電台的考試局官員住在馬鞍山，我們非常擔心她無法準時到達電台，幸好她在開始前十五分鐘趕到，大家才鬆了一口氣！

我在第四台還策劃了一個比較特別的節目推動早期音樂，1996年安排「早期音樂雙週」（Early Music Fortnight），得到香港藝術發展局資助和香港演藝學院協助，邀請了英國早期音樂專家彼特・西摩（Peter Seymour）來港指揮演出幾個音樂會，重點是以仿古樂器演出當時在香港並不普及的巴洛克時期音樂，由電台轉播演出。其中一個音樂會演出巴哈的《聖誕神曲》（*Weihnachts-Oratorium*），那時接近聖誕，為了給觀眾一個難忘的觀賞體驗，我們跟大會堂附近的富麗華酒店（Furama Hotel，現已折遷改建）商議，推出「音樂會 + 聖誕大餐」的套票，觀眾在演出前先到酒店進食頭盤和主菜，音樂會後回酒店吃甜品，結果很快售罄。

每一個人的價值觀不同，有的人喜歡安穩、低風險，也有的人喜歡創新、冒險、自由，沒有對或錯，最重要是清楚自己的取向，然後找一個機構文化適合你的機構工作，自然會得心應手，這是傳統智慧「天時、地利、人和」三者的後兩者。我覺得自己不適合長期在政府機構工作，所以三年後有機會便離開了。

危與機的深度體驗

在我 23 年的藝術管理前線工作裏面，擔任香港藝術發展局（ADC）秘書長是最富挑戰性的崗位，不單是智力和情商的考驗，三年多也是體力的挑戰，因為每週有多個晚上開會至十點後才完結。不過，這也是我最有滿足感的工作，因為經歷了一個藝術議會的大變身，覺得有點像坐過山車的感覺（雖然我不是一位過山車迷）。

其實在我加入藝發局之前，有幾位業界好友都給我忠告或暗示不要自找麻煩，因為那時 ADC 內部相當多「暗湧」，在媒體也經常看到爭議和負評，秘書長雖然是受薪的一把手，但在議會內實權有限。我加入藝發局之前，已相當清楚它獨特的背景和早年運作情況。在藝發局成立前，我曾以藝術行政人員協會主席身份參與文化界對 ADC 成員和秘書處的倡議，而在 1994–1997 年我也是其音樂與舞蹈小組委員會的增選委員。

ADC 早年 22 位委員內[1]，有九位是由不同藝術界別選舉產生[2]，所以他們對業界情況相當理解，也很有抱負，1995 年 ADC 成立後一年多便集思廣益出版了《五年發展計劃》，提出很多好的想法，只是時間上有點「不切實際」（周凡夫先生曾形容五年計劃為百年大計）。藝發局下設不同藝術界別的委員會，也委任業界人士為增選委員協助政策的制訂和審批撥款。

大多數民間推選的委員都很熱心、但部分不太信任規章制度和行政人員。根據我的觀察，即使秘書處有的職員很資深，惟往往只擔當文書處理角色。資助審批涉及主觀的藝術判斷，不同人有不同意見，這是很正常的，因此大家需要花時間討論以達成共識。至於討論內容應該是機密，但假如個別委員向外透露，便很容易鬧得滿城風雨，也有機會使申請者要求上訴等。1999 年甚至有資助申請者失敗後到法院控訴處理申請的委員會，ADC 當然要為委員會承擔法律服務，後來法庭判原告敗訴。

我加入香港藝術發展局前，曾認真地分析這份工作的前景和個人能力，我認為很多負評都是不公平的，藝發局很多委員和增選委員都有「真知灼見」，假如落實長遠能改善藝術業界的生態，只要優化審批流程和運作架構，大部分的困局或爭議都可以解決。作為議會秘書長雖然沒有投票權，但他需要維持議會的規章制度、會議程序（包括利益申報）、對外聯絡持份者、對內統籌職員、協助委員工作等，因此這個角色還是頗有影響力的。我抱着很大熱誠去申請這個職位，其實我從事過五個藝管前線工作崗位，只有這個和首個崗位（音統處）不是受邀申請的。

1997 年，我在回歸後進入藝發局的首個挑戰是跟進先前委任顧問研究的「經常性經費資助」報告。當時有六個有規模的專業藝團

（香港小交響樂團、香港芭蕾舞團、城市當代舞蹈團、中英劇團、赫墾坊劇團、香港藝術節協會）每年獲得 ADC 經常性資助[3]，那時政府每年支持 ADC 的年度撥款，約 85% 都分發給「六大」、但對它們的影響力有限。同時業界有不少小型藝團希望轉為職業化，但 ADC 可以自己支配的資金極少。因此，我上任前 ADC 已經委託國際顧問團隊研究如何改善整個資助制度。顧問在參考英國及澳洲藝團的資助制度後，建議給予專業藝團的資助應為「固定時期」形式（而非永久性質），固定時期資助完結，獲資助的藝團要重新申請，根據資助期的業績及未來計劃與其他申請者競爭。報告建議為大藝團設立

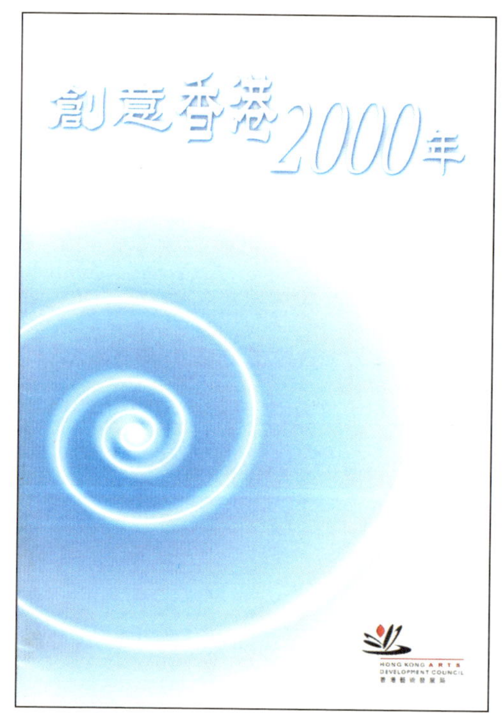

● 藝術教育政策文件《面對新紀元的藝術教育》

「三年資助」，為小藝團設立「一年資助」。

這是一個很好的建議，可以使整個資助制度更公開、公平和具問責性，惟對「六大」來說無疑是打破了「鐵飯碗」，需承擔相當大的風險。當時我已經在藝術界工作二十年，積累了外國和本港的經驗，明白到只有競爭才帶來進步（非營利藝術亦然）。我記得參與的第一個 ADC 大會，需要準備文件分析顧問報告建議的利弊及可行性，很高興委員基本上同意我的分析，通過 1998 年落實顧問的建議，我覺得是個好的開始。

結果，三年資助在 1999–2007 年期間運作[4]，成效我在本書中編第八節有分析。至於一年資助，雖然資助金額很有限，但每種藝術形式都有幾個小型藝團因獲得此資助而轉成「專業」機構，能聘用全職的藝術總監和一至兩位行政人員，並按 ADC 要求組織董事局，建立了監管架構，這對他們發展影響很大。

我在任的三年多，藝發局差不多每天都在改變，雖然有些改變不是我或委員預期的，有些是因應危機促成的。早期我需要面對不少危機，差不多隔天媒體上都有 ADC 負面新聞。甚至我個人一度成為一位民選委員「批鬥」的對象。也許我太正直敢言，嚴格執行利益申報、利益衝突等規章制度，得罪了一些別有用心的人，他竟然在媒體誣告我「穿櫃桶底」，這當然不是事實、也全無證據，結果導致董事局要召開記者會為我「平反」。其後這位委員被廉署舉報，出任委員前在一次書籍出版資助中身為受資助者做假出版數目，被控罪成入獄。

這段時間也發現不少獲資助者沒有按時限完成計劃，引起政府關注，結果藝術發展局要推出「凍結制度」。

任何事情都有好壞，所有的負評也令社會人士（包括政府）更關注藝發局委員的素質和選舉制度，使大部分委員意識到藝發局要作出一些基本的改變以挽回機構的聲望，這個共識使其後的各項改革比較順利。

註釋

1 後來委員增加至 27 位，包括 10 位由「民間推選、特首委任」。

2 產生「民間推選」委員的背景可參閱中編第二節。民主國家如英國和澳洲的藝術議會並沒有民選產生的委員／董事，估計是因為其核心工作之一是審批撥款，由民選產生的業界人士去批核撥款，很容易涉及利益衝突和形象問題。

3 六團的經常性資助從 ADC 前身演藝發展局開始。

4 直至政府於 2007 年把 ADC 資助的六團和康樂文化署資助的四個「旗艦藝團」放在同一個資助平台，由民政事務局直接資助。

重建公信力、更上一層樓

上一章提及藝術發展局是一個議會，任何關於方向、策略、委員會架構和職權範圍、財務、資助類別、審批原則和流程上的改變，都需要 ADC 大會通過。作為職員只能通過草議文件（或與主席討論），向大會（或相關委員會）提出建議和意見，秘書長沒有投票權。雖然我深信秘書處的主動性和意見的質素對決策有一定的影響，但應該指出所有以下提到的改革都是委員的集體決定，主席周永成先生和副主席陳達文博士的領導非常關鍵。

首先要解決民選委員參與資助審批的潛在角色衝突和形象問題。我們參考了澳洲和台灣的做法，大部分的藝術議會都沿用「同儕評核」的原則，參與審批的同儕可以「公開招聘再遴選」。在委員集思廣益、深入討論後，終於決定以「審批員」（Examiner）代替藝術小組委員會處理資助審批。在業界公開招聘「審批員」（有遴選程序），每次資助審批時隨機抽出沒有利益衝突的審批員參與。項目資助的審批完全不用討論，審批員審閱申請文件後評分，在有限可分配的資源下獲整體最高分數的申請獲得資助。一年資助和較大額的資助由審批員開會討論，但最後也以總體評分為決定的依據。

審批結果須提交監管資助運作的委員會通過，它主要關注點是審批有否按規定的程序執行（一般不會對申請或結果作出判斷）。假若申請人對結果提出上訴，處理上訴的專責委員會也只會複核程序，先前同一委員會再次討論上訴個案的情況不再出現。

整個資助審批流程（包括秘書處職員處理的細節）經過重新設計（感謝助理秘書長韋志菲和她的團隊），再經過民政事務局和廉政公署認可。這些政府部門（加上審計署及申訴專員公署）會根據這

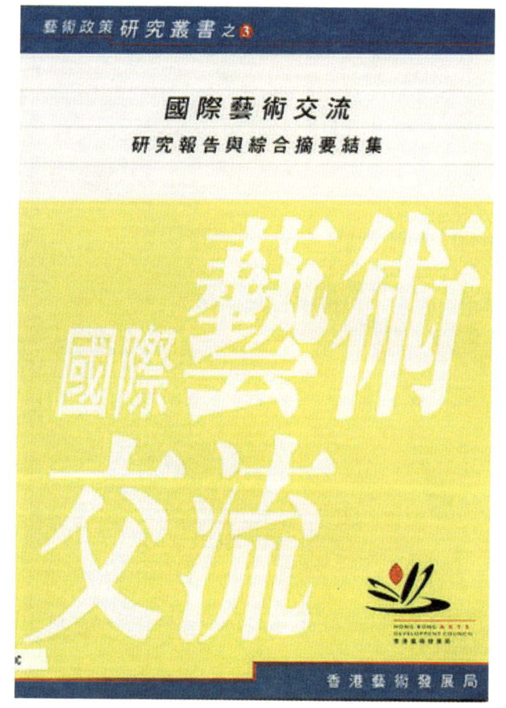

● 藝術發展局委約的藝術政策研究叢書之一《國際文化交流》

些準則和流程來監管 ADC 的工作。因為整個資助申請的嚴謹流程，秘書處處理每一個申請需要花很多時間，而每年 ADC 處理數以百計的資助申請，早年藝發局每年接受四次「項目資助」申請，應接不暇，後來因資源考慮改為每年兩次。

在建立「審批員」制度後不久，ADC 安排他們出席獲資助的項目，根據其表現撰寫「評核報告」，被評核的固定時期資助團體也有機會閱讀「評核報告」和作出回應，這些資料成為其後衡量項目成績的重要參考，同一申請者未來再申請資助也會作為參考。「審批員」的工作有一定的酬金，這是專業的認可，他們也藉着同儕評核發揮對業界的影響。

自從實施了「審批員」制度後，ADC 很少收到關於撥款的投訴，因為大家清楚了「遊戲規則」和藝術判斷的主觀性，更信任 ADC 審批制度的嚴謹，藝發局的委員可以把處理爭議的時間用於討論未來發展。整個審批制度的改革歷時接近兩年。二十多年後的今天，審批員和審批制度仍然沿用，只是「與時並進」作出了一些修訂。

在改革審批制度的同期，策略發展委員會在何志平醫生領導下也在檢討 ADC 的架構、各級委員會的角色和職權範圍，務求使整個機構能按既定策略一起行動，集中更多精力在高層次的工作，為藝術在社會上取得更多關注和支持。2000 年何志平醫生接任主席，召開全體委員和高級職員「退修會」、推動 ADC 重新釐定角色，以「發展」為核心，把「藝展局」改稱「藝發局」，其後制定三年計劃和主要發展策略：發揚藝術的社會功能、擴大藝術市場和社會參與、推動全民及終身的藝術教育、提升藝術水平和藝術家的社會地位。應該説，完成了藝術發展局的「範式轉移」，更上一層樓。整個過程我認為對藝發局的不同持份者是一個珍貴的學習。

我在 ADC 服務時是一部「開會機器」，每週有三至四天從下午五時半開始參與會議，直至晚上完結為止[1]，那三年多 ADC 大會及各委員會的會議我大多有出席。其實不少 ADC 的委員無私地每月為 ADC 事務投入數十小時開會及閱讀文件時間，更是「義務工作」，交通費也要自己支付，真的令人佩服。我在 ADC 三年多，經歷兩屆大會（ADC 的委員是三年任期）。ADC 留給我最深刻的印象是有機會跟大會委員和各小組委員會增選委員共事，從他們身上獲得很多啓發，也感恩得到他們的支持和信任。

我接觸最多的自然是 1997 年到 1999 年擔任主席周永成先生。周先生本人熱愛藝術[2]，所以對藝術界的情況很了解。他為人謙厚持平，ADC 當年需推動的各種變革，不單要找到能平衡不同持份者的創意方案，更加需要有各方尊重、沒有利益衝突的領袖説服各方才能達到共識，我認為周先生的領導是促成 ADC 的「範式轉移」的關鍵。

大會副主席陳達文博士是 1960–1980 年代市政局大力發展文化藝術的推手，被譽為「香港文化藝術教父」，對藝術界的問題和政府程序瞭如指掌、判斷精僻，在設計新制度新程序方面擔任領導角色。盧景文教授是另一位全程投入和深具影響力的委員，他在藝術和行政兩方面都卓有成就，其卓越的分析判斷能力、幽默感和説服力對成功「範式轉移」有很大的影響。

我也很佩服何志平醫生的戰略思維、重視研究和文化政策，出任主席後成功提升 ADC 的視野和地位。還有兩位我很欣賞的民選委員在也作出關鍵貢獻，戲劇界的張秉權博士和電影界的陳嘉上先生。兩位都深具前瞻視野、明察秋毫、不偏不倚、顧全大局，為他們代表的藝術形式帶來深遠的影響，和他們合作使我獲益良多。

ADC 的同事都很幹練和高情商，在「範式轉移」中高級職員承受不少壓力，並做出很具體的貢獻，職銜也有改變，這班精英其後都成為業界不同機構的主腦，包括韋志菲、陳雲根、侯婥琪、黃雅麗、王禾璧、麥蓓蒂、沈金倩、韋淑賢、丁羽、黃白露等，很感恩和懷念跟他們一起打拚的日子。

ADC 有新視野、廣結合作方當然是好事，但實際執行對當時只有五十多人的辦公室（秘書處更名）是另一個巨大的挑戰。我覺得自己已經見證了 ADC 的「大轉身」，是合適的時候交棒了，於是請辭，在 2001 年 5 月離開了 ADC。

註釋

1 九點前散會非常幸運，十至十一時是常規，偶然深夜才散會，最長的一次是凌晨二時三十分。

2 周永成先生早年擔任市政局議員，一直積極參與文化政策制定和藝團的公司治理工作，曾出任幾個「九大」藝團的董事會主席，藝術發展諮詢委員會主席，現時也是文化委員會委員。他的企業也長期是藝術贊助者。

江湖上的志願者：藝術「有心人」

在香港當義工 / 志願者被稱為「社會服務」。我參與社會服務可能受母親的影響，她退休後還不時做「義工」。因為我的知識面很狹窄，參與的「社會服務」絕大部分均與專業有關。第一份「社會服務」是響應當時幾位同行的召喚，1986 年我成為香港藝術行政人員協會（3A 會）的創會董事之一，1991 年出任主席，先後擔任董事接近二十年。我與 3A 會多年的關係將在中編第十節分享。我深信行業有好的發展自然會惠及相關機構和業界，自己很幸運，年青時在業內獲得很好的發展機會，因此有責任對行業作出「回饋」，自此「社會服務」成為我工作不可分割的一部分。粗略估計，「社會服務」大概佔去我工作時間的六分之一。

多年來我參與的「社會服務」可歸納為四種類型：

一、非營利機構的公司治理（董事或委員、顧問）；

二、自身專業的「行業協會」董事或委員，大部分專業都有推動該行業發展的「行業協會」，由業界熱心人士自由籌組；

三、大學藝術相關學院或學系的諮詢委員會，收集業界意見的機制；

四、政府邀請不同領域的資深業界人士參與諮詢委員會。後者源自港英政府的管治手法，容許專業持份者對影響業界發展的策略、措施提出意見，也讓社會人士更為了解政府立場。除了少數法定組織（如香港藝術發展局、西九文化區管理局）外，這些委員會都屬於諮詢性質、沒有實權。

所有主動或被邀參與以上「社會服務」的人士，都不會有報酬，包括開會往返的交通費也要自己付擔。假如你出任非營利藝術機構的董事，董事會可能有每年董事「自發」捐獻的傳統。只要你認同所服務機構的工作有意義，相信出錢出力都很樂意，因此我稱這些義工為藝術「有心人」。

另一方面，我認為在制訂文化藝術決策時有不同背景的社會人士參與是健康的，因為香港政府很直接參與文化推廣，包括營運場地和主辦節目，而相關的政策和部門，其營運影響的不單止藝術從業員，也包括觀眾／受眾和社會大眾（潛在觀眾）。部分董事／委員也許參與初期對藝術的認識有限，但他們通過參與更理解藝術活動的意義和營運模式，也提升了個人對藝術的興趣。這些「有心人」在推動藝術發展方面擔當很重要的角色，他們不僅是文化藝術相關的法定組織、諮詢委員會的成員，也是非營利藝術團體的董事（包括九大、藝發局年度資助、業餘藝團），筆者猜想香港有數百位藝術「有心人」。

我參與這些「社會服務」也獲益良多，首先是有機會接觸一些不熟悉的範疇，擴闊了自己的知識層面，同時有機會與不同專業的董事／委員共事，他們的視野和意見往往給予我很大的啟示；有機會擔任不同角色（管理人、董事、資助評審委員）也使我對藝術、營運和管治有更深入的體會（稍後第十四和十五節有更多這方面的分享）；作為藝術管理的培訓人和研究者，我最大的收穫是對整體藝術生態有更全面和直接的了解！社會服務也提升我對香港的歸屬感。

有的「社會服務」每年只是開一至兩次會議，工作量不大，例如擔任大學課程和香港電台的顧問委員會。假如涉及審批，秘書處（往往是公務員）的文書工作非常嚴謹，審批程序和利益申報制度也會一絲不苟，委員需要花不少時間審閱文件甚至面見申請者，經過詳細討論、打分，綜合各種因素集體作出判斷／建議。[1] 有些政府委員會的工作量很大，投入時間不亞於在大學裏教授一門課程。

早年我在藝術節的工作需要跟很多國際演藝機構及經紀公司合作，因此也加入了一些國際文化交流的行業協會（如亞洲文化推廣人聯盟 FACP）任董事，幫助組織年會及向本港業界推廣。在香港教育大學籌辦 EMA 課程時，我曾到美國和歐洲取經，多次參與藝術行政教育學會 AAAE（美國）的年會，其後獲邀加入董事局。AAAE 董事在美國不同城市工作，每年除年會外也要召開一次週末的退修會。身為美國以外的唯一董事，我每年都自費飛往參加（那個年代

ZOOM 仍未普遍）。這個學會雖然只聘用一位全職職員，但公司治理非常嚴謹，每位董事都認真、投入、盡責，因此效率非常高，我很享受這個參與和學習機會，也結識了不少美國藝管老師同業。

我執筆時仍然擔任少量的「社會服務」工作，在 2017 退休時我其實已經辭退了政府的委員會工作，希望到文化藝術以外的領域擔任「志願者」（例如受到《無止橋》搭建兩地青年心橋意義感召加入），只是應朋友邀請幫忙做幾個藝術機構的董事。2022 年政府邀請我加入新成立的文化委員會，我一直覺得香港缺乏的文化藝術發展藍圖，所以義不容辭加入。現在藍圖已經完成我也不再續任，積極退出文化藝術方面的社會服務，希望從事其他形式的「志願者」。

附錄：曾參與的社會服務（按性質及時間排列）

（1）香港兒童合唱團董事 #

（2）香港舞蹈團董事 #

（3）鄧樹榮戲劇工作室董事 #

（4）香港天籟敦煌樂團董事 #

（5）無止橋慈善基金管理委員會委員 #

（6）香港大歌劇院董事 #

（7）香港藝術行政人員協會主席和董事

（8）亞洲文化推廣者聯盟董事（FACP）

（9）藝術行政教育協會董事（AAAE）美國

（10）香港中文大學（深圳）大學藝術中心顧問團主席 #

（11）香港浸會大學音樂藝術系顧問小組主席

（12）香港演藝學院的音樂學院及科藝學院顧問

（13）香港恒生大學創意產業本科課程顧問

（14）香港特區政府文化委員會成員

(15）香港演藝博覽 2024 本地顧問團隊主席

(16）藝術發展諮詢委員會委員

（17）香港藝術發展局音樂及舞蹈委員會增選委員

（18）香港藝術發展局藝術顧問（藝術行政）#

（19）康文署場地夥伴計劃委員會主席及委員

（20）康文署節目及發展委員會委員

（21）康文署藝術小組（藝術節、社區推廣）委員

（22）市政局音樂顧問

（23）區域市政局音樂顧問

（24）香港電台顧問團顧問

（25）香港電台社區廣播計劃遴選顧問

（26）中央政策組委約創意產業香港基線研究顧問委員會成員

（27）太平紳士 #

現時仍然參與

註釋

1 涉及民政事務局、康文署或藝術發展局不同性質的資源配置，例如資助、場地夥伴計劃、獎學金等。

藝術管理人員終極目標：效益最大化

幾十年來，無論是自己策劃一個項目或營運藝術節、審閱學生的策劃案、評核一份資助申請，或在董事會討論主要藝團的周年計劃，我幾乎每天都會思索一個問題：「有沒有把效益最大化？」我認為這是作為藝管人的「基本功」。

管理的定義是通過計劃、組織、領導和控制資源，以有效率且有效用的方式達成組織目標。我的老師、藝術管理大師約翰。皮克（John Pick）教授說：「藝術管理人員致力於為藝術家及觀眾達到一個美感的合約，使最多人能從藝術中得到最大的滿足和收益。」指出了讓最多的受惠人得到最大的滿足是藝術管理人的目標。[1]

我認為規劃項目時需要有多方面的考慮，首要考慮是機構的目標（使命宗旨）是否清晰，這是最基本的，有清晰的目標才能制訂合適的定位、策略及行動計劃。

第二步的考慮是與宗旨相關的效益。商業機構無疑追求「經濟效益最大化」，但是非盈利藝術管理的機構往往追求藝術上的突破、卓越或藝術推廣，那它們追求的效益會更為多元：

- 藝術效益：提升藝術水平和藝術視野、致力創新對藝術形式作出影響，也會探索如何提升、深化觀眾的「藝術體驗」
- 經濟效益：致力使收入最大化，包括票房、贊助、IP 收入等，並帶動周邊的經濟活動
- 文化效益：致力文化傳承創新、價值觀推廣、提升軟實力
- 社會效益：提升受惠人數，例如透過電視、電台、網絡接觸更多市民（含弱勢社群），提升社區凝聚力、社會共融、倡議公共議題等
- 教育效益：促進美學教育、創意教育、群體教育、生命教育等

不同效益之間可能有矛盾，例如能吸引大量觀眾的藝術活動具經濟效益但未必有藝術效益，所以「效益最大化」並不簡單。每一家非營利藝術機構有其獨特的使命宗旨，它們追求的目標和相應的效益都不相同。

第三步的考量是行動計劃（設計的節目／活動）是否符合其使命宗旨，要體現什麼效益、不同效益的優先次序等，能否達到預期成效？

第四步考慮是計劃和執行時效率（efficiency）是否高，資源投入與產出的比例，成本效益、員工的生產力等。對不少藝術機構來說，藝術效益和社會效益比效率更重要，因此願意接受一定程度的

「經濟低效率」(例如安排較多的排練以達到最佳藝術水平)。

第五步考慮是有否設定績效考評制度，能客觀地衡量和交代成績。預期會有什麼成果（outcome）？有什麼量化指標（target）（例如活動場次、參與人數、新作品數量）？有什麼質化指標（例如觀眾滿意度、媒體評論等）？預期能帶來什麼影響（例如對主題的認知和價值觀的改變）？要是沒有很清晰的指標，那就很難衡量成效。

第六步評核整體效益（effectiveness），評估達成預期目標的程度，是否「做正確的事」？通過評估反思有何學習成果？

用一個比較簡單的例子，藝術管理人經常要面對的一個抉擇，未來的製作要在什麼場地演出，要安排多少場次？這涉及藝術效益

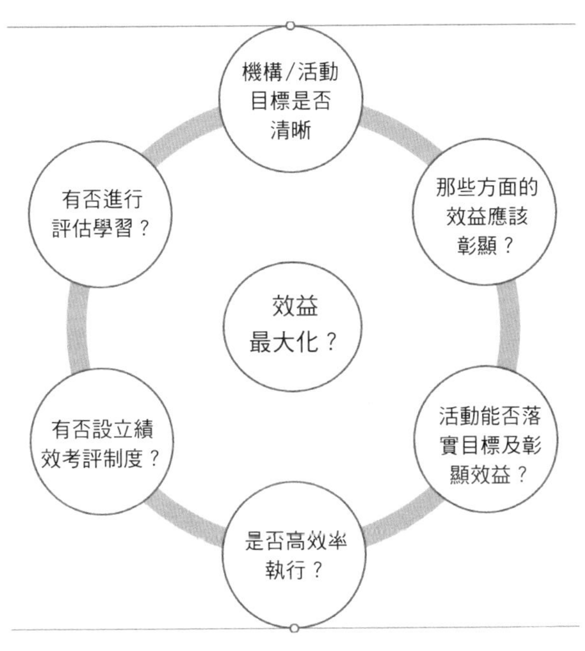

● 效益最大化考慮因素

和經濟效益，首先估計有多少潛在觀眾購票（市場），從藝術效益考慮什麼場地最適合這個演出的性質（設施、音響、座位數、交通方便程度），能夠讓觀眾獲得「最大的滿足」，從經濟效益考慮，當然場地愈大座位愈多越好，不過觀眾很可能在中型劇院才能獲得「最大的滿足」。假如估算有 3,000 觀眾，最合適場地有座位九百個，那應該做多少場次？假如做三場，那應該會滿座（還有 300 個未滿足的潛在觀眾）；假如做四場，估算的潛在觀眾數字準確的話，入座率是 83%。哪一個選擇最符合「效益最大化」？

從藝術效益來說，藝術家有機會多演一場可以精益求益，假如是新作品，創作者也有機會做少許修訂（這是為什麼巡迴演出能提升表演者水平和提升新作品生命力的原因）。演出三場應該入座率很好，但並不符合「服務最多人」的社會效益。從經濟效益考慮，四場可以增加藝術家的收入，但額外的票房收入是否可以抵消額外的支出（表演者演出費、場地租金等），假如四場經濟效益比三場好，那安排四場符合三方面的效益。假如三場的經濟效益更好，那就要衡量究竟藝術、社會和經濟效益那一個優先。

重視成績和成效才有改進空間，假如某城市舉辦一個「多元文化藝術節」，目標為「提升市民對多元文化的認知和尊重」，量化指標為演出數目、觀眾參與人次和出席率，結果達到五十場演出，80,000 參與人次，80% 出席率，成果與預期相符；通過問卷知道 90% 觀眾認同「活動提升了我對多元文化的尊重和欣賞」（質化指標），顯示活動達到高效益。財務方面也成功開源（增加贊助收入）節流（增加義工減少合約員工），整個活動帶來少量盈餘，反映營運上達到高效率。綜合衡量藝術節的成果、效率和效益，可以證明活動整體達到優異的成績／成效（performance）。

其實「效益最大化」可以提升到更高層次的思考：藝術機構可以推動什麼價值？二十一世紀有學者（荷維森和霍爾頓）[2] 提出文化領導人需要為其機構創建「文化價值」，而文化價值包括內在價值、工具價值和機構價值。藝術領域的內在價值可以理解為藝術價值（先前提到的藝術效益）；工具價值指藝術可以被應用作為工具或手段達到其他領域的目標，例如發展經濟、社會共融、活化老區或鄉郊、教育培訓、長者健康、社區品牌提升等方面，這是過去十多年藝術發展新趨勢，在下編第六節詳細探討。機構價值是指機構存在的價值。

假如我們能夠為藝術機構創建更多元的價值，多方面跟社會連結，那麼機構的使命宗旨和相關效益也會更為寬廣，機構價值和生存空間會更大。

總的來說，藝管人在實現藝術機構的使命宗旨時，需要考慮價值、成果、效率、效益、成效等不同因素，力求「效益最大化」，在資源永遠有限的情況下，發揮創意、創造價值、平衡不同的效益，並轉化成為可持續的營運模式。

註釋

1 Pick, John, (1996), *Arts Administration*, 2nd edn, St. Edmundsbury Press, p.16.

2 Hewison, Robert, and Holden, John, (2011) *The Cultural Leadership Handbook: How to Run a Creative Organization*, Surrey: Gower Publishing Limited.

藝管人員與數字的不解之緣

數字為什麼重要？因為它的可量度性，能比較客觀地進行規劃和反映實際情況，可以具體呈現和比較我們的目標、進度和成果。

藝術管理人每天都要面對無數數字和數據：財務預算、票房報告、財務報告、研究報告等，一方面嘗試把管理理念透過數字表達和落實，另一方面也通過數字進行業績鑒定，嘗試解讀數字背後的故事，可以說藝管人與數字結下了不解之緣！

由此可知，藝管人必須對數字敏感、重視、尊重，並關注數字背後的真相，它的產生背景為何？反映什麼狀況和問題？在藝管的不同範疇，數字都在輔助我們管理，包括節目／專案策劃、行銷推廣、財務管理、戰略規劃、績效考評、籌募及向持份者交代等。例如我們策劃一個節目時需要制定可行的財務預算（一般指能夠收支平衡），根據節目構思收集不同方面的開支數字（藝術家的酬金、製作搭建佈景費用等），加上一些假設數字（購票觀眾人數等），估算總開支和收入的數字，假如最後不能平衡，就要考慮哪方面要修改原構思（例如刪減某方面的支出、或調整票價），數字幫我們鑒定了計劃的可行性。

藝術管理培訓一般都會涵蓋財務管理的科目，目標不是培養專業的會計或財務人員，因為藝術機構一定要聘用專業的財務人員或公司來管理賬目，但管理人員需要知道如何善用專業人員的知識為藝術機構服務。在有限的課時內，我認為最重要是學習（1）制定／解讀財務預算；（2）制定／解讀修訂預算；（3）解讀年度財務報表和資產負債表；（4）了解財務管理系統；（5）掌握財務管理重要概念包括現金流轉、風險管理、通過支出中心概念分析成本效益等。

1–3 項其實性質上與戰略規劃和績效管理非常相似。熟習了財務方面的計劃和監管方式，學員在制定計劃、監管進度和衡量成績時自然能夠融會貫通。

一些聰明的藝管人會「玩弄數字」，這是我最不推崇的「自欺欺人」，也在此跟大家分享一些並較常見的方式：

一、節目策劃或製作人為了爭取落實一些較為冷門節目，制定項目預算時有意高估入場人數和收入，以減低節目的估計虧損，結果導致自己或機構損失。

二、與前例相反，在申請項目資助時誇大開支、低估收入，做成較高的虧損來申請資助，期待資助機構即使撥款低於申請額，仍有足夠能力落實計劃（如果得償所願，撥款機構也有責任）。

三、與以上類似做法，藝團在制定年度預算時採取非常保守的策略，誇大開支、低估收入，做成較高的虧損來申請資助，結果年終時往往成功「開源節流」，帶來盈餘，做成「有業績」的假象，這樣董事局可能也負有責任。

從上可見，解讀數字需要關注其背景（包括與上年度的比較、增長或縮減原因），可能有關係的支出收入項目（例如宣傳費與票房收入）、不是簡單的收入愈高愈好，支出愈低愈好。認真審視和分析機構的財務報告不但可知道其業績和現況，對它的管理理念也會有一定的理解。倒過來説，管理層準備的財政預算和報告，應該仔細交代數字後面的背景和管理思維。

非營利機構與商業機構不同，後者的業績主要體現在盈利數字，但非營利機構的使命在於實現其使命宗旨，其舉辦藝術活動所導致的收入和支出一般無法平衡，因此需獲得撥款機構的資助才能達到收支平衡。從財務角度來看，只要能收支平衡、保持財務健康即可接受。2009 年加拿大做了一個非盈利演出機構的調研，研究這些機構以什麼指標來衡量他們的成績，結果發現最廣泛被應用的指標是財務預算與實際收支的吻合程度（80%）。假如管理層在滿足績效指標 KPI 的同時能取得一點盈餘，應該是很好的成績。

有的人認為藝術水平、成就、觀賞體驗等無法量化量度，我同意沒有客觀的標準量度，在中編第九節「績效管理」那一章我解釋了為什麼要有績效考評機制，非營利藝術機構的成績還是可以通過一系列預先設定的量化和質化指標呈現，重點是這些指標一定要結合那個藝術機構的使命宗旨，所以應該由藝術機構自己提出（資助機構一般保留修訂權）。量化 KPI 的數字對藝術機構重要，因為提供了營運各方面的目標值（target），而這些目標值也成為監管進度和衡量成績的依據。除了量化指標外，也要收集針對藝術水平、觀眾反應、藝術家感受等方面的資料，有些藝術機構成功地把觀眾和藝術家的感受量化表達！

假如非盈利機構年年有盈餘，每年都「超額完成」指標，可能要反思制定的 KPI（包括節目的創新）及財務預算會不會略保守，低估了市場需求或自身能力。配合機構的使命宗旨，是否應該提升創新成分或增加受惠人數？

藝術機構日常營運的其他方面也涉及很多數字，例如售票情況報告、問卷調查採集的數據、網站的瀏覽量、社交媒體的互動、廣告的反應、客戶關係管理 CRM 的各種數據等。先前指出數字本身不帶特別意義（所以要探究背景），但如果把數字組識起來（例如比較、連結起來分析趨勢），它們便成為有用的數據（data），管理人可以根據這些數據來進行總結、監控及計劃，例如根據售票情況決定是否更改營銷策略或管道，根據成本效益分析而停止某些服務。今天各種管理系統提供愈來愈多數據（包括大數據），使我們的管理及決策更科學化，以證據（evidence）而不是直覺作出決策。

數字和數據已經從輔助工具演變為管理的基礎，藝管人員也須構建以數據驅動的組織文化和決策流程，數字和數據是藝管人終生學習的課題。

面對不可預知

年青時開始接觸海外業界同行（經理人、藝團及場地主管），很快發覺資深同行最津津樂道的話題，就是他們曾經歷不可預知的突發事件，例如某歌劇巨星嫌場地冷氣太凍，指令要關掉整個場館的空調；某位大師下飛機後找不到行李箱，沒有演出服如何補救等。假如沒有這方面的故事可分享，可能表示你的資歷不夠[1]，故此我也不能不分享一些個人經歷的突發事件。

籌辦演出最常遇到的突發事件是表演者身體不適，這肯定會影響演出水平，假如是舞台演出（歌劇、音樂劇、話劇、舞蹈等），一般都會預先安排候補演員，萬一主角／原角不適，候補馬上替場。問題是一旦交響音樂會的獨奏者生病，或藝術節主辦的獨唱／獨奏音樂會主角抱恙[2]，那如何在最短時期內找到有同等吸引力的替代者，讓演出可以如期舉行？我在港樂及藝術節工作的十年間就遇上不少這種情況。

一般碰到主要角色病倒不能演出，通常馬上要解決的包括：（1）

如何通過經理人網絡，嘗試找最合適的替代人選；（2）在最短期間就演出費等達成協議並安排交通（往往因為時間緊逼，航班就是一個大挑戰）；（3）如何公佈更改及通知已購票觀眾；（4）是否接受退票、安排細節及截止時限；（5）假如接受，如何售賣退票座位。

我在港樂工作時遇到一個比較複雜的情況，是當年樂團成功邀得馬友友在一個音樂會上擔任獨奏者，並因此提高該演出的票價。但不幸的是馬友友因病無法演出，樂團於短時間內只能找到另一位華裔小提琴家胡坤負責獨奏，雖然這位小提琴家的技藝也很出色，但考慮到胡坤的名氣不及馬友友，於是決定一方面允許已購票的觀眾退票，另一方面不退票的觀眾也可獲得部分退款（樂團自然希望觀眾欣賞替代小提琴家的演出）。這一決定無疑帶來了非常繁複的行政工作，但獲得觀眾正面的評價，退票的並不多，應該是平衡了各方利益後的合適方案。

每年藝術節節目繁多，這方面的風險當然也較高。我印象最深的「替代事件」發生在 1992 年，當年我們邀請了盛名的女高音蒙莎惠・卡芭兒（Montserrat Caballe）演出一場獨唱音樂會，門票很早售罄，但在藝術節開幕前幾天，我們接到通知 Caballe 受了傷不能演出，我們馬上嘗試找替代人選，到藝術節開幕酒會時仍未解決。酒會期間，我的手機響了，原來同事告訴我四天後演出的科隆古樂團因指揮染病，全團打算取消巡迴演出！當時真的是晴天霹靂，開幕前已接到兩個大打擊，我還要強顏歡笑接待來賓，因而印象深刻。幸好我們很快找到另一位與 Caballe 不相伯仲的女高音黛麗斯・貝根莎（Teresa Berganza）替代，對觀眾有所交代（還是要提供退票的選擇），而古樂團也找到另一位指揮，結果演出不需取消。

1994 年是俄國知名作曲家包羅丁（Borodin）的一百周年死忌，我們特別邀請了演奏其室樂作品權威的包羅丁四重奏演出三場。第一場很順利、大受歡迎。翌日演出前一小時，我接到負責同事電話，當時四重奏成員在大會堂劇院熱身，其中一位年邁團員（四重奏有兩位音樂家超過八十歲）的手突然不能動，懷疑中風，馬上要送到急症室，猶幸沒有大礙，但當晚的演出要取消，我們只能在音樂會現場把消息告知已抵達的觀眾及宣佈退票安排，可幸觀眾十分體諒，沒有投訴或不滿。[3] 次天雖然小中風的音樂家情況沒有惡化，但醫生認為他的狀況不適宜演出第三場，結果音樂會只好取消，演奏者、觀眾和我們主辦方都很無奈。

偶爾也會碰到一些與生病無關的突發事件，例如 1992 年邀請了知名鋼琴家弗史米亞 · 法斯曼（Vladimir Feltsman）演出獨奏音樂會，演出當天他午睡過時了，我們的同事陪同他從酒店到大會堂音樂廳，抵達時已經是開場前 15 分鐘，他一看場刊，第一反應是「我不是彈這套節目」，我的同事大驚，急召我到後台，並核實我們與他的經理人的通訊。我抵達後告訴他是從經理人那裏獲得這套節目資料，宣傳賣票都是以此作根據，Feltsman 很不高興：「一定是你們攪錯了，我預備的是另一套節目」。我那時最擔心的是表演者，心情好才會有一個成功的音樂會，誰對誰錯反而次要，我們馬上答應他演出預備的節目（已是開場前 5 分鐘，觀眾正在入座），而我的同事只能即場宣佈節目更改 [4]，幸好他的演出非常精彩，沒有觀眾投訴！翌日他與經理人溝通了，離開香港前向我道歉，並感謝我們的諒解。

先前提到當時藝術節已自己製作國際級歌劇，某年的歌劇製作邀請了當時兩位明星歌唱家擔任主角，主要演員開演前約一個月已在港排練，最初一切順利。某天製作經理很緊張找我：「有人散佈謠言，説藝術節可能會拖欠最後一期演出費，演員很關注，希望末期酬金以現金支付」。[5] 這當然是謠言，但為了使演員安心，我馬上跟他們開了一個會闢謠，亦同意安排現金付款，這場風波才得以解決。互信恢復後有部分演員維持轉賬安排，因為攜帶大量現金出入境非常不便。

因篇幅所限，我無法分享因為天災導致的不可預知事件。其實經過新冠疫情洗禮的藝術管理人，每位都是「危機管理」和「應變計劃」的專家，我等「老鬼」倒是獻醜了！

藝術機構的常見危機

- 天災需要取消活動，如地震、颱風、暴雨、火警等自然災難
- 戰爭、暴亂、恐襲等人為災禍，需要取消或停止活動
- 藝術家生病或發生意外不能出場
- 安排失誤，例如航班誤點、護照出了問題、服裝行李箱不見了等
- 舞台技術出了問題，例如拉幕壞了、燈光壞了、道具錯了
- 人事或勞資糾紛
- 資助或監管機構對發展方向或營運有意見，減少撥款
- 媒體或觀眾對某些政策或節目不滿，大肆批評
- 賣座不佳或融資不達標，導致財政嚴重虧損
- 資助機構或董事會擔心內容違法

沒有人知道危機什麼時候會發生，所以危機管理只能做一些預防措施和應變計劃，通過三個層面幫助我們面對危機：

- 認定不同方面可能會出現的各種危機，提升危機意識
- 就可能會出現的各種危機制定預防措施，減少危機發生的機會
- 為可能會出現的主要危機制定應變計劃，減低危機發生時的慌亂感

假如發生重大危機，管理層應該盡快啟動事先組織的「危機應變小組」，通常由最高層的管理者、董事局要員組成。盡快分析問題，研究和決定對策，並向內（員工）和向外（媒體、主要持份者）發佈消息。對外的消息發佈説法一定要清晰統一，最好通過一位發言人，其他人保持緘默（很多藝術機構的員工守則都要求員工不能對外發言）。

註釋

1 業界圍爐打氣，相信對任何行業都很重要。

2 交響樂團的定期音樂會一般不會取消，而藝術節因為節期所限，一般不會把節目更改到節後舉行。

3 事後不同的朋友告訴我們其實事發時有不少於 10 位醫生在大會堂用餐，隨時可協助急救。

4 一般情況下這麼重大的轉變應該事前通知觀眾，甚至容許退票，所以在大堂進場前應該有告示，避免與入座觀眾爭執。

5 一般演出薪金都會分期支付，第一期通常在簽署合約後，最後一期在演出後，慣例是通過銀行轉賬。

為藝術問責：公司治理（上）

先前提及我花了不少時間為藝術機構做「義工」，擔任董事增加了我對不同規模、性質非營利藝術機構的了解，它們營運和管治面對的挑戰等。雖然是義務工作，但「公司治理／企業管治」責任重大，對服務的機構和所屬的藝術形式可以有深遠影響。我在此分享自己的一些觀察，有些朋友認為藝術機構的董事很輕鬆，主要是幫幫朋友，以及你欣賞的機構，只需偶然開開會，捧場看看演出（兼合照），投入的時間上的應該不多。請注意，一些機構的董事會有着捐獻的傳統，董事原來還有法律上的責任，遇事可以被起訴（先前提到 ADC 委員的個案），所以弄清楚董事的責任和義務是很重要的。

香港社團一般都有憲章，有限公司必須有組織章程大綱及細則（memorandum and articles），其運作受書面章則約束。公司每年要向公司註冊處提交周年申報表和審計報告。[1] 機構一般由會員、董事、員工組成，會員大會擁有最高權力，但會員大會並不經常召開。一般組織每年必須有一次周年會員大會，並需達到會章注明的最低與會人數才算合法。周年會員大會最重要的工作是選舉董事會，通過主席報告及核數師報告（主席也會作出報告），機構的其他事項基本上由董事會處理。作為管治單位（governing body），董事會負責「公司治理」（corporate governance），包括決定機構的宗旨、策略和政策，督導監控公司的業務和財務，確保管理的問責性，因此責任重大。

誠信、問責、公開

上文提到，董事負有法律上的責任，遇事可以被起訴，也有「受信責任」（fiduciary duties）。香港聯合交易所上市規例要求：每一位上市公司董事必須誠信，真正為公司利益工作，為正當目的行使權力及避免與公司有利益衝突，這些原則也適用於非營利藝術團體，所以董事應該「按照公司最佳利益行事」，不能有私心。

利益衝突是當公司的業務涉及董事個人或其親屬好友的私人利益與業務，致使普通人可能對該董事能作出無私判斷有懷疑，藝術團體的董事局成員和藝術／行政總監之間常有夫妻、父子、師生關係，故此需要特別小心處理，我見過不少藝術界朋友因為沒有處理好，結果影響了他們的個人形象。董事遇上有利益衝突的情況必須申報，一般的做法是要求相關董事離席，不參加相關議題的討論。

香港藝術圈其實不大，活躍的藝術從業員難免有角色／利益衝突的情況，例如某董事同時是討論議題涉及的雙方董事或要員，有些情況其實可以帶來雙贏的局面，重要的是當事人要申報利益，在「陽光原則」[2] 下運作。為確保利益衝突情況受到監管，非營利機構應該訂立清晰的董事及僱員利益衝突指引和申報政策，並記錄有關情況的發生及處理方法。

非營利藝術機構的持份者很廣泛，包括會員、顧客、僱員、資助及捐助者，若資助來自公營機構或公帑，那市民大眾也是持份者，需要向他們作出消息披露及交代，例如九大藝團獲得相當大比例的公帑資助，資助機構除了要求它們提供各類書面報告、派代表列席董事會會議外，也要求它們每年出版年度報告及公開財務報告，向公眾交代。香港中樂團曾經獲得香港會計師工會頒發「2004最佳企業管治資料披露大獎 —— 公營 / 非牟利組別金獎」(2004)，你可以留意到每個團的披露程度相當不同。[3]

管理責任

非營利藝術機構董事會的責任主要是向公眾交代及管理。管理方面可分為四個面向：戰略規劃、業績表現監管、財務監管、人事和內部制度監管。

(1) 戰略規劃 —— 制定公司的宗旨方向和營運指標，包括願景、定位、使命、營運策略和行動計劃；一般通過 SWOT 分析機構的強弱項、外部環境改變帶來的機遇和威脅，致力平衡各持份者的權益和發揮最大的影響力。我認為這是最關鍵的，我親身經歷不同的藝術機構（香港藝術節、藝發局、話劇團、美國的藝術行政教育學會 AAAE）如何通過有效的戰略規劃帶來嶄新的局面。規劃工具的框架不難理解，但單純制定三年計劃（很多資助機構要求）並不保證成功，因為各項計劃需要跟日常運作掛鈎才會真正有效。

（2）業績表現監管 —— 結合戰略規劃，為機構訂立每年的年度營運計劃，制定富挑戰性但切實的主要指標 KPI（例如全年購票觀眾數目、贊助捐助收入增長的百分比等），設置衡量成績的方法，並進行績效考評確保工作進度達到目標。個人認為很多藝術機構都缺乏清晰的績效指標和考核制度，這樣影響了董事會監管和交代成效的職能。這個重要的課題我在中編第九節有比較詳細的探討。

（3）財務監管 —— 董事會有責任確保公司財政上健康地運作，公司治理比較完善的董事會每一次會議都會安排財務的議程：審核財政預算、監控最新的財務狀況、評估未來風險等。董事會也會訂立和適時更新財務管理制度（包括採購程序和審批權限等）、檢討成本效益等。即使非營利機構並非以追求盈利為目標，但也不能虧損，支出要嚴格控制、收入務必要達標。掌握財務資訊有助董事會在業務上作出明智決策。這方面我將在前面第十二節（數字與藝術管理人）也有討論。

涉及財務的還有兩個比較敏感但重要的課題，董事應否參與籌募經費？他們是否需要做出個人捐獻？在美國，每個董事局或基金會的董事都很清楚這是作為董事的基本責任，香港的藝術團體沒有這個傳統（但大部分的慈善公益團體有此共識），可喜的是近年大型藝術機構的不少董事願意參與／協助籌募工作，也有更多董事願意每年作出捐獻（個人認為金額不重要，主要是態度）。假如藝術機構對董事有這些期望的話，我會建議在邀請對方加入董事會時事先說明。

註釋

1 部份非營利有限公司再向稅局申請慈善機構的地位，若獲得批准，慈善團體毋須繳交稅項，而所獲得的捐款也可以申請免稅，董事不能收取酬勞。

2 也就是不作秘密或枱底交易，可以公開分享彼此關係和行事。

3 我特別欣賞上海兩個藝術機構的年報，內地的藝術場地／院團一般沒有出版年報的習慣，但是上海文化廣場和 YOUNG 劇院主動出版年報，而且分享了非常詳細的資料，顯示它們傑出和開放的管理。

互信的藝術：公司治理（下）

很多管理者認為人力資源管理最具挑戰性，其實在公司治理層面也要處理人力資源問題，這一方面是制度問題，另一方面是董事會與最高管理層（藝術總監、行政總監）的關係、董事會的內部運作等。

假如藝術機構沒有資源聘用受薪員工，那麼董事就無可避免要承擔行政工作，倘若機構已聘用行政人員，那董事會的責任應該是監管而非執行。董事會最重要是物色有能力、合適的最高管理層（藝術總監和行政總監），然後下放權力給他們發揮，每個管理者都有他／她獨特的管理風格，董事會只需要監管兩位總監的工作表現（包括進行年度工作表現評核），並參與高級員工（部門主管、首席藝術家等）的選拔，以確保他們的素質。若董事會對最高管理層的能力有懷疑，應該對症下藥，挑選董事會信任的人負責。

每一個機構都需要建立合法、公平合理、鼓勵員工發揮的人事管理制度，因為這制度對員工是一個承諾，對財務也有直接和長遠的影響，故此要由董事會決定。制度包括薪酬調整的程序和考慮因素、職員架構和不同職級的薪金範圍、員工年度成績評核機制、升職及解僱程序、員工福利、假期及超時工作安排、工作守則等，制度的細節應該由行政主管根據公司的獨特情況設計，董事會審視後敲定。藝術管理是一個「搶優才」的行業（普遍缺乏中層人才），薪酬福利、晉升機會、機構文化等會影響員工「流失率」。

尋找董事和主席

尋找合適的董事會成員和主席對非營利藝團非常重要，一方面是董事會的重大責任，另一方面可以透過董事的專長和人際網絡，協助藝術機構更緊密地連結社會。一個投入認真的董事會也增加資助機構的信心。

筆者認為對董事應有三項基本要求：首先他應該對該藝術形式有興趣（不需要是專家），此外應該支持有關機構的宗旨及藝術路向，並能撥出時間出席機構的董事會議及主要活動。董事的個人背景或專長最好對推動藝術機構工作有所幫助，例如律師、核數師、工商機構管理人員、市場推廣人員，大專及學校教師等。[1] 最好不要邀請配偶、親屬或機構的合作伙伴加入董事會，一方面因涉及利益衝突（可能經常要在會議中避席），影響會議程序，另一方面也影響機構的形象。藝術團體的忠誠觀眾是尋找董事的合適來源，因為他們對藝團的興趣和支持是毋容置疑的。

主席人選當然非常重要，董事會休會期間他便是作出最後決定的人。主席應該是一位大部分董事及持份者（包括資助機構）都信賴的人士，主席的知名度及社會地位肯定有助藝術團體擴展網絡及提高社會的認知。在正式邀請前，藝術機構應該確定該人選基本認同機構的宗旨及藝術路向，並且願意抽出時間處理會務，找知名度高但無暇處理會務的主席未必對藝團有實際的幫助。

董事會與最高管理層的協作

一個健康發展的機構需要不同的人擔任不同角色，因此受薪員工需要接受董事會的監管。多年前藝術發展局推出一年資助，要求所有受資助的團體成立董事會以便監管其運作，在分享會上我記得一個藝團的創辦人兼藝術總監提出疑惑：「我創辦這個團，假如獲得一年資助，我成為全職受薪的藝術總監，但需要找一班人來做這個團的董事，也就是我的老闆，他們理論上可以解僱我？」除了解釋監管和交代的重要性，當時擔任藝發局秘書長的我回應：「這個董事會的所有成員（董事）都是你自己挑選的，假如有一天他們都認為要解僱你，那你是否需要檢討自己的表現符合機構的最佳利益？」我補充一句，對不少藝術家來說，可能「藝術家合作社」（artists collective）的形式更適合，藝術家有最後話語權。

機構的最高管理層（藝術總監和行政總監）確是向董事會負責，後者有最後決定權，但大家的目標都是一致的：為機構的最大利益努力，個人觀察在一般情況下董事會都會尊重最高管理層的意見，因為後者對機構的情況最理解，應該能夠掌握不同方案的利弊，雖然有時會「當局者迷」，董事能提供更全面的考慮，或許優化管理層建議。我一向覺得管理層和董事會兩者為協作關係，各司其職，協作愈暢順，機構的成效也愈高。在我的管理生涯裏，很幸運能碰到多位「知人善任」主席／副主席，他們關注大方向、注重效率效益、完善制度，對管理層提出清晰的要求，但不會「微觀管理」，我從他們身上得到很多啓發。

建立互信肯定是協作暢順的關鍵，雙方能多溝通非常重要，在這方面行政總監的積極性也很重要，不要待開董事會時才跟董事溝通。機構是一個大家庭，要視董事為家人，多分享機構的動態，機構的成績會令董事（家人）感到驕傲，覺得他們的無償投入是值得的。

聰明的管理層能易位思考，懂得「管理領導」，贏取董事會和主席的信任，明白你的協助能幫助他們更好地完成責任。建議行政總監在每一位新董事加入時，主動向他／她介紹藝團的目標和運作、董事的權利和義務等，這既有助新董事的積極投入，也可盡快建立彼此互信的關係。

一般情況下，董事與藝術總監傾向「相敬如賓」，因為大部分董事都不是藝術方面的專業人士，所以對藝術方向、節目選擇等比較難作判斷，這是很正常的現象，不需要勉強提意見。藝術總監是藝術機構的靈魂人物，只要找到合適人選，一定要給他空間發揮，董事會只要清楚機構的藝術目標和策略目標如何平衡和互動，藝術上的意見可以邀請本地和海外的藝術顧問提供，並多留意演出後的藝評。其實董事只要多出席演出，自然對機構的藝術水平和影響力有切身的感受。

有的董事會下設不同的事務委員會（例如財務、人力資源、營銷推廣、籌募等），除了董事會加入外，往往也邀請非董事的增選委員參加。它的好處是不同課題先經過委員會討論，董事會的效率更高，增選委員也是未來董事的「第二梯隊」，當然這種運作增加了董事的工作量，比較適合大型的藝術機構。

公司治理的績效指標

既然董事會要為機構建立績效指標和評核，哪這些指標應否涵蓋公司治理方面？因為公司治理對機構的影響這麼大，建立這方面的指標能提升董事的凝聚力，也會對整個機構的營運和員工產生「示範」作用。其實不少資助機構對獲長期資助的機構有公司治理方面的要求，例如每年召開董事會的次數和最低出席率，其他績效指標可能涵蓋：

- 董事局及委員會成員的多元背景
- 經董事連結的主要贊助商、捐助者或合作伙伴
- 董事局進行檢討／評核的頻密程度
- 董事局成員參與機構活動的頻密程度

根據筆者多年的觀察，有成績的非營利藝術機構通常在三方面都有很優秀的領導：藝術總監、行政總監、積極投入的董事會。

註釋

1 我們不能要求董事在他們的專業上免費為藝團提供服務（除非他們主動提出或已事先同意），但可以期待他們根據其專業知識和網絡，向藝團建議相關的服務機構。

藝管人員的苦與樂

我在上海音樂學院任教時，得到北京國際音樂節創辦人和藝術總監余隆的支持，接受我們選拔三個學生到北京替音樂節當實習生，她們回到「上音」後做了一個分享會，介紹她們的工作：

> 我們每天六點前在賓館起床，匆匆梳洗化妝、穿上能得體出席音樂會的正裝，七點左右就有奔馳騎車來接我們出門，分別往不同賓館與接待的大師藝術家會合，把他們送到排練場地，一直侍候在旁留意他們有什麼需要，例如幫助翻譯，如果有特發事件要馬上通知音樂節的負責人。下午可能要帶他們出席新聞發佈會，其間空檔時間處理音樂節佈置的其他任務。晚上陪同大師到演出場地，通常可以在後台觀賞演出。演出後一般有晚宴或酒會，陪同大師出席後把他送回賓館才算結束當天的工作。自己回到賓館房間通常已是凌晨過後，倒頭便睡。雖然我們三人共睡一張床，但大家都不知道同房什麼時候回來，實在太累了。

其中一位補充：「有機會近距離接觸大師、經歷演出的整個過程，終生難忘」，另一位接着說：「某大師堅持要我們帶他坐北京地鐵，把音樂節的同事嚇壞了，怕引起騷動，幸好整個過程很順利，太神奇了！」

這幾位當年學生描述的主要是接待藝術家的工作，一般由節目策劃部負責。但也一定程度反映藝術管理工作的苦與樂：工作時間長、以藝術家為中心、需接觸不同持份者、注重形象及品牌。

相同性質的工作或項目，有的人會很喜歡、很享受，但也有人覺得是苦差，我從事藝術管理相關工作前後超過四十年，分享藝術管理的苦與樂自然是有偏見的，假如苦多於樂，相信早已轉行了。所以我盡量客觀，主要分享工作的實際情況，個人喜歡或不喜歡的原因，至於苦差還是樂事就由讀者自行判斷吧。

藝管工作其中一個最明顯的挑戰是需要在週末及節假日的時候上班，因為往往在這些時間安排演出和活動，員工即使不需要全部出席（有些部門需要），也要輪班處理台前幕後的工作，不少業界人士年輕時很樂意，但成家後及有了小孩就會發覺是很大的承擔，因此箇中的兩難是需要知道的。

不同行業各有特色，很難比較，但藝術管理從業員工作量大是不爭的事實，其中一個原因是非營利藝術機構一般精簡架構應付常規工作，有額外項目時可能會增加人手，但往往在籌備初期要現任職員幫忙。管理階層的工作量及壓力也很大，藝術機構傾向扁平架構，一個高級管理層需要直接監管多個下屬／部門。我擔任前線工作時，基本上每週總工作時數不會少於 60 小時。

據我觀察，優秀及資深的藝管人都熱愛藝術，無論他們有否受過專業藝術訓練。某些工作崗位如節目策劃、編輯等要求具備藝術專業訓練，但其他崗位如藝術營銷、票務、籌募、經紀人、行政、政策等並不需要專業的藝術背景，至於財務、場地管理、法律、IT 等則要求具備相關專業背景；藝術機構的行政領導也來自不同背景。無論你是什麼專業背景，很重要的一點是你要懂得怎麼與藝術家溝通，藝術家往往比較敏感，你要取得他們的信任，因為藝術管理人的角色就是協助藝術家落實他們的藝術願景。

藝術管理工作不但直接幫助藝術家實現他們的藝術理想、影響市場大小和觀眾的投入程度，也影響到作品的傳承和藝術家的發揮空間。對熱愛藝術的同業來説，有機會參與一個藝術活動的組織工作，更能深切地體會那個藝術活動的感染力。我在香港管弦樂團和香港藝術節工作時，最快樂的時間就是站在劇場／音樂廳後面[1]，在坐無虛席的情況下，欣賞一個成功的演出。當觀眾不停鼓掌時，那種滿足感是金錢買不到的。對我個人來説，有機會參與藝管工作，在藝術的推廣與傳承上作出一點貢獻是一個「福份」！

假如你喜歡接觸社會上不同群體、廣結人緣，那藝術管理工作應該很適合你，因為藝術管理人需要聯結藝術機構與社會，尋找合作伙伴、贊助捐助者、董事、政府官員等，是一位「超級聯絡人」。非營利藝術機構規模雖然不大，但因為使命宗旨為社會服務，方便你打開很多扇「門」，建立廣泛的人際網絡。我因為香港管弦樂團、香港藝術節和香港藝術發展局的工作，有機會認識不同界別的人，從他們中得到很多啟發。

香港在國際文化交流方面一直非常活躍，藝術管理人擔任很重要角色。除了上面提到接觸國際藝術大師的機會，業界人士有相當多機會與國際同行交流，擴大人際網絡，了解不同地區藝術推廣的手法和政策。小型藝團的行政人員也往往因為要在國際平台宣傳藝團，有機會參與海外的藝術博覽會／行業峰會等，對提升個人的國際視野很有幫助。

關於香港業界的薪酬水平，雖然很難一概而論，但我認為整體上是合理的。業界人士經常說要發達就不要進入這一行，因為香港的文化創意產業尚在萌芽階段，缺乏像流行文化和娛樂事業的商營大企業。大部分藝術管理崗位都由政府部門和非營利藝術機構提供，後者接受政府資助的其中一個條件是員工薪酬水平不能高於同等公務員，實際工資則由各藝團的董事會決定。工資水平自然跟藝術機構的規模有關，除九大藝團外，大部分的中小藝團僅有幾個全職員工。近年政府資助不少適合應屆畢業生的實習生崗位，市場傾向以此水平作為入職工資。

藝術的本質就包涵不穩定性和風險、因此當市場有限，藝術團體的發展就高度依賴資助，藝術團體為了生存和貫徹宗旨，需要不斷地倡議及尋找更多資助和收入渠道，這對藝術管理人是一個永恆的挑戰（內地和海外同行壓力更大）。個人認為是苦也是樂，我認識的大部分高級管理層都欣然接受這方面挑戰，堅持精益求精、不斷增加觀眾參與／欣賞方式、開發新市場、進行跨界合作、發展藝術科技，發掘藝術的功能價值等，同時這些高管的創新、創業精神、創意和領袖力也得到充分的發揮，並獲得大眾嘉許！

因為藝管工作深受藝術生態環境和文化政策影響，業界和「有心人」需要關注藝術生態和政府政策對行業發展前景的影響。本書中編在這方面有頗詳細的探討。

世界在不斷改變、藝術的功能價值也在不斷變化，而藝術管理追求不同利益／考慮的平衡，理想與現實的平衡，我認為是一門沒有標準答案的藝術，需要從業員不斷「審時度勢」、「與時並進」和「終身學習」，這也是藝管令我着迷的原因！

註釋

1 我不會坐在觀眾席是因為擔心有什麼突發事件，在後面可以第一時間處理，其實這完全是過慮。根據前英國皇家歌劇院總裁米高・凱撒（Michacl Kaiser）著作的分享，他擔心到不敢進入歌劇院觀眾席，只在走道隔着玻璃「遠觀」。

中編

關注江湖生態政策評論

為何要關注政策和生態

今天全球都關心可持續發展、全球暖化、極端氣候等問題，相比之下，藝術本身的可持續發展較少獲得社會人士（包括藝術從業員與藝術愛好者）的關注，這裏針對的是藝術有否獲得社會廣泛的支持，藝術參與權和藝術自由是否獲得保障。這個課題涉及藝術的生態環境以及政府相關的政策，藝術生態涵蓋不同的組成元素，它們之間互為影響，需要比較仔細去理解，政策上，不同國家或地域有不同的文化／藝術政策，有的地方（例如香港）明文的政策不多但政府參與度很大。

其實藝術生態和文化政策直接或間接影響藝術活動和參與，例如合適的演出場地是否足夠、收費如何、演出票價的收費水平、演出／展覽內容方面有否限制、藝術教育在學校是否受到重視、藝術專業培訓的水平、藝術從業員的就業機會、藝術活動的多寡等。因為生態環境的狀況一般經長期積累，文化政策也不會經常改變，所以很容易被認為是理所當然的現象。假若我們關心藝術發展，那必須要對當地的藝術生態和文化政策有一定的認識。因此中篇我集中討論香港的藝術生態及文化政策。

我在二十年前嘗試把藝術生態通過圖像解讀，一方面列出主要的組成元素，另一方面也指出它們之間互為影響的關係，例如通過優秀作品（花）進行交流活動（蜜蜂），社會資源（雨水）令樹長出更多樹枝及樹葉（藝術家和藝術品）。誠然，這個「可持續藝術生態圖」並不科學，只是藉此激發學生的想像力。他們似乎對太陽和光合作用（代表「表達自由」）最有興趣。也不時有學生問我為何沒有昆蟲！

可持續藝術發展生態環境

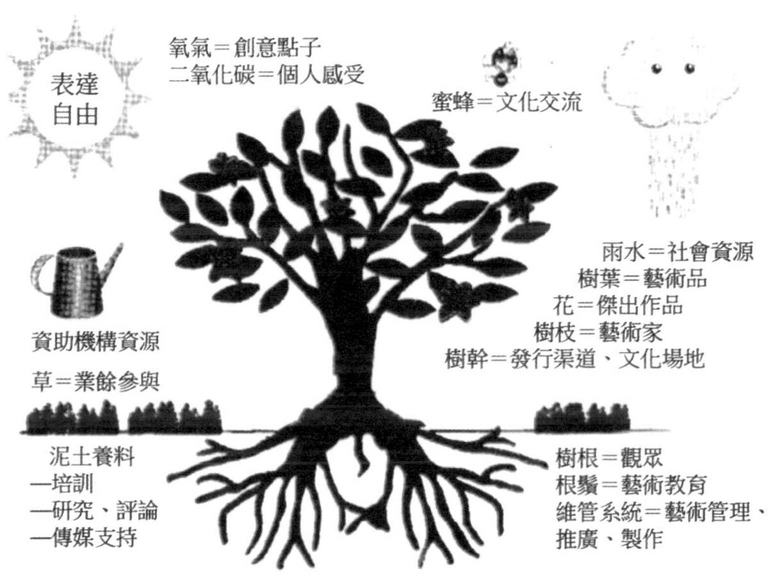

● 可持續藝術發展生態環境

近年因為興起文化產業和創意產業，產業鏈的概念也被廣泛應用在文化藝術的製作和消費上，表演藝術的產業鏈從創作開始，經過製作和排練，在舞台上演出接觸觀眾／消費者，並通過營銷擴展市場受眾。

創作
製作
分發
營銷
消費

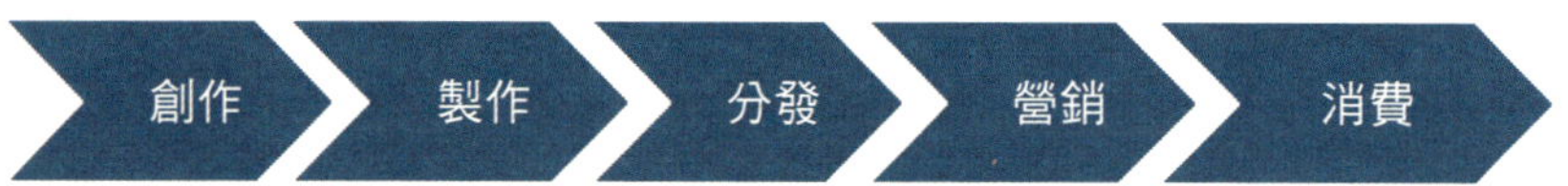

● 表演藝術產業鏈

在這個產業鏈流程的基礎下，我把不同的生態元素加入成為下圖：

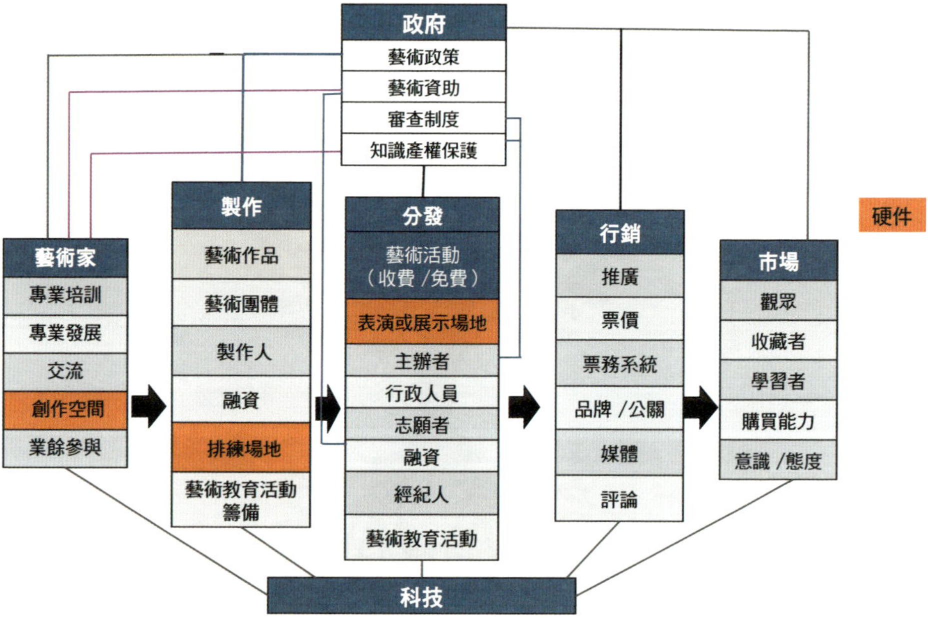
政府
藝術政策
藝術資助
審查制度
知識產權保護
藝術家
專業培訓
專業發展
交流
創作空間
業餘參與
製作
藝術作品
藝術團體
製作人
融資
排練場地
藝術教育活動籌備
分發
藝術活動（收費／免費）
表演或展示場地
主辦者
行政人員
志願者
融資
經紀人
藝術教育活動
行銷
推廣
票價
票務系統
品牌／公關
媒體
評論
市場
觀眾
收藏者
學習者
購買能力
意識／態度
硬件
科技

● 表演藝術生態及產業鏈

優秀的藝術管理人都會盡力「優化」產業鏈和生態使藝術傳播更為暢順，例如為舞台製作安排外地巡演，致力尋找贊助等。以上兩張生態圖都看到政府的資助和介入。假如是商業活動或文化產業，那應該是市場導向，以營利為目的，政府不適宜高度介入。但高雅藝術的活動以藝術卓越和創新為目標，非以市場為導向，營運機構通常屬非營利性質。舞台演出的高昂成本和不可複製性、加上市場有限，往往無法達到收支平衡，需要政府的資助或其他方式支援。在香港，大部分的演出活動都是非營利性質，需要政府補貼。

為什麼政府需要補助或支援一些不能通過市場機制運作的藝術活動？這涉及到高雅藝術的性質，很多優秀的高雅藝術作品，因為代表了人類文明的卓越成就，即使在它面世的時代知音者不多（因其超前的視野），但能經歷時間的考驗而成為珍貴的文化遺產，例如不少數百年前創作的歌劇、交響曲、戲曲作品、舞蹈作品、圖畫今天仍有知音，並成為國家或文化的象徵，故此政府有責任去扶持、創造有利的生態環境，促進藝術卓越、傳承創新，提升國家／城市的「軟實力」，與各國政府支持大學的學術研究理據相似。

藝術作品反映創作者的思想感情，好的作品能打動觀眾，自然也受到各地政府關注，因此各國政府對文化藝術內容會有所控制或致力保障表達自由，亦會制訂支持／資助的策略、架構和方式，這就是「文化／藝術政策」。因為文化政策影響政府如何參與、支持、監控文化藝術活動，所以直接影響藝術生態，因此值得每一個藝術從業員和藝術愛好者／有心人關注。

西方民主國家的文化政策一般有五個共同原則，分別是：

- 為所有市民提供機會參與社會、創意及政治活動
- 推動文化身份
- 承認及鼓勵現代社會的多元化
- 培養個人在藝術上及其他方面的創意
- 保障市民的文化權利及選擇

政府的參與、支持、監控有不同的手法或工具，最常見的是通過直接擁有及管理文化場地（機構）、提供資助或鼓勵。前者如康文署營運香港大部分政府擁有的文化場地，後者如藝術發展局提供各種不同的資助。其實還有其他手法，例如提供歷史建築物作文化用途（藝穗會）、提供免費宣傳平台（香港這方面很缺乏）、立法規定某些行為／措施（例如電視電台要有多少文化節目）等，這些不同的手法可以有創意地運用。

很多國家在資助藝術時都奉行「一臂之遙」（arm's length）原則，政府的資助通過一個藝術議會（而不是政府部門）分發，把政治干預的可能性減低，香港藝術發展局就是香港的藝術議會。其實現時世界各地公營機構使用公帑必須向公眾交代，政府撥款給藝術議會一定是配合落實某方面的發展策略，而藝術議會與獲資助機構也會簽訂協議，要求其按某些指標 KPI 落實資助計劃。

政府及藝術議會在制定發展策略或設計資助計劃時，除了配合國家／城市整體發展外，一般會考慮當地藝術生態環境及產業鏈的狀況，有哪些元素缺乏或落後。例如我們缺乏製作人，那可能需要提供獎學金鼓勵更多人進修製作人相關的課程或海外培訓。缺乏好

的原創舞台劇劇本，那可能要提供培訓或比賽獎勵。假若希望不同組成元素能有更緊密的連結，那需要設計特別的計劃。例如鼓勵具國際水平的藝術家有更大發展和海外演出機會，需要挑選最優秀的藝術家並資助他們參與國際交易／博覽會，讓他們有機會在國際平台上展示才華，在香港也給他們機會多演出和建立市場。

藝術生態環境的現狀，一方面是制定發展策略和措施的基礎，同時也反映先前藝術發展策略和措施的成效，故此量度藝術生態環境的數據和搜集相關資料極為重要。現時，有關香港藝術生態的資料，只有藝術發展局每年出版的《香港藝術界年度調查報告》，它收集和分析的數據主要來自產業鏈的中下游，包括製作／演出／展覽／電影放映場次、性質、參與觀眾人次、票房收入等，每年的分析也很精闢。希望將來有更為全方位量度藝術生態的研究（例如文化審計），為政策的制定提供科學的根據。

我期待更多藝術管理者和藝術「有心人」關注香港的藝術生態和文化政策，使藝術家和藝團能擁有更有利的發展條件。

香港藝術生態：回歸前

今天香港的藝術環境和生態，是過去數十年香港社會、經濟、政治、業界持份者等各方面發展累積的結果，包括受到回歸前發展的影響，因此，了解 1960 年代以來香港文化藝術的架構、政策及發展進程，有助我們分析香港藝術生態的特色，掌握未來的挑戰。下文分四節介紹和分析香港的藝術生態和政策發展，首節概括介紹回歸前的情況，第二節分享回歸後到 2022 年的發展，第三節分析香港藝術生態的現狀和特色，第四節則介紹 2022 年以來的最新情況。誠然個人親身經歷（甚至參與了少部分）這段時期的發展可能帶有主觀成份，但嘗試盡量客觀、根據書刊和線上的公開資料描述和分析，不涉及任何機密，並盡量注明哪些是個人觀點。

回顧從六十年代開始，香港的藝術環境和生態有幾個特色，一是 1962 年香港大會堂落成並由市政局管轄[1]，它是第一個公務員直接營運的文化場地，港英政府從以往「消極不干預」文化事務改為「積極不干預」[2]，雖然早年政府投入的資源非常有限，大會堂的活動主要由租用者主辦，但大會堂策劃的「觀眾擴展」活動對培養香港的演藝觀眾影響很大。六十年代，大量專業藝術家從中國大陸移居香港，成為音樂、舞蹈、戲劇、視覺藝術及電影等領域的中堅力量。隨着教育水平提升和海歸學子回流，香港逐漸形成了一群擁有高文化素養的潛在觀眾群。1967的暴動，使港英政府更關注為年青人安排「健康的消閒活動」，無論政府和社會領袖都積極提升香港的國際形象。

七八十年代，香港市政局在文化藝術發展中發揮了重要作用，1973年市政局獲得財政獨立後，每年從政府差餉收入中獲得一定百分比的經費（香港的地價在回歸前一直增長），大力投入文化方面的硬體規劃和軟件建設，一方面規劃各區域的文化場地，包括在新市鎮的大會堂（荃灣、沙田、屯門），地區市政大樓的文娛中心（上環、西灣河、牛池灣），以及服務全港的紅磡體育館、伊利沙伯體育館、香港文化中心等。這些場館全部在1980至1989年間落成，使香港文化場地的座位數目在短期內增長了好幾倍。同時市政局於1977年成立香港中樂團和香港話劇團，1981年成立的香港舞蹈團，為中樂、戲劇和舞蹈建立專業院團。市政局也主辦多個藝術節（亞洲藝術節、國際電影節、國際綜藝闔家歡）和無數文化活動，促進本地和海外文化交流。應該説，新的文化場地帶動了活動迅速發展。

這些文化場地的營運、藝術活動的組織和藝術團體的經營，全賴文化署在陳達文博士領導下迅速建立的文化經理體系，他們是香港第一批專業的藝術管理人員，香港回歸前迅速的文化發展與公務員直接參與有密切關係。1986年區域市政局成立，文化署人員轉往市政總署和區域市政總署，分別負責市區和新界的文化活動，為社會帶來一定的良性的競爭。

回歸前的藝術發展也有賴當時社會領袖如馮秉芬爵士和邵逸夫爵士的推動，促成 1973 年香港藝術節協會和 1977 年香港藝術中心（第一個非政府場地）的成立。1979 年中英劇團、香港芭蕾舞團、城市當代舞蹈團也相繼成立。1974 年職業化後的香港管弦樂團及香港藝術節協會亦獲得市政局的財政支持。這些專業藝術機構的成立，代表藝術活動獲得社會認同，造就了第一批在非營利機構工作的藝術管理人，也培養了各藝術形式的觀眾。

1981 年，行政局制定了七點推動及發展藝術的政策，這反映回歸前政府最高層對藝術的態度，包括：

- 為表演藝術提供所需場地與建設
- 為普羅大眾發展社區活動
- 成立香港演藝學院，提供職業先修及職業層面的表演藝術訓練
- 發展職業表演團體
- 在財政及資源的規限下，務求達到最高水平
- 設立表演藝術諮詢委員會
- 給予表演藝術團體支持與鼓勵

在此前提下，政府在 1982 成立諮詢性質的香港演藝發展局，就表演藝術的發展和藝團的資助給予政府意見，演藝發展局負責以上提到民間專業藝團的資助（中英劇團、香港芭蕾舞團、城市當代舞團、香港藝術節），稍後亦關注香港演藝學院畢業生出路，提供資助

於香港小交響樂團和赫墾坊劇團，後來亦撥款資助個別藝術項目。不過，兩個市政局投放於文化藝術的資源支持遠超中央政府，亦不需配合中央政府的政策。

1993年，政府推出「藝術策略檢討報告」，引起香港藝術行政人員協會等團體關注，倡議在新成立的香港藝術發展局（取代香港演藝發展局）內加入藝術界推選的代表。同期，末代港督彭定康在立法局增加功能界別議席，文化藝術界在「香港文化界聯繫會議」倡議下爭取文化界議席。藝術界的活躍分子開始關注文化政策，積極發表意見。

1994年，香港藝術發展局成立（1995年成為法定組織），政府接受民間推選成員的建議，九個藝術界別通過選舉各推選一位代表，然後由港督委任為香港藝術發展局委員。新成立的藝術發展局相當重視透明度，積極向公眾交代，1995年發表《五年發展策略計劃書1996–2001》，促使市政局和區域市政局分別於1996和1997年發表《市政局文化委員會五年計劃諮詢文件》和《區域市政局藝術發展計劃書》。

回歸前藝術發展特色

個人認為，回歸前二十多年的藝術發展有以下的特色：

一、地方政府（市政局及其後區域市政局）投入大量資源，致力為市民提供文化藝術活動。在議員倡議和督導下，有視野和熱誠公務員的能力得到發揮，1974年後二十年間香港的文化場地和活動有了幾何式的增長，在鄰近地區也備受讚賞。

二、以場地為發展核心，公務員在全港規劃十多個新的文化場地，落成後負責營運，同時組建及經營專業藝術團體、主辦和策劃不同藝術形式的節目，加上非營利藝團的演出，為這些新場地帶來豐富的內容，也培養了大量演藝觀眾。

三、這些政府場館主辦的節目以推廣和普及藝術為重點、保持低票價，大部分節目都需要政府補貼（收支兩條線），民間藝團節目的票價也以此為基準，依靠資助達至收支平衡，長久以來低票價成為香港藝術活動的特色。

四、港英政府長期對文化藝術採取不干預政策，最高層（行政局）

● 香港大會堂

很遲（1981）才訂立鬆散的政策，卻又無法管控兩個市政局的事務，結果政府投入大量資源仍無法協調整體發展。直到 1994 年前政府的支持仍集中在演藝方面。

五、在演藝發展局／藝術發展局資助、市政局主辦或提供場地支援下，非營利的六大專業藝團、香港藝術節和少數半專業藝團穩步發展，為藝術家提供了專業發展機會（八十年代後期香港演藝學院每年有畢業生），建立香港非營利藝術機構獨特的營運模式。

六、因大部分文化活動得到政府補貼，長期票價偏低（相比鄰近地區市場），市場扭曲，又缺乏商業性質營運的劇場劇團，導致商業性質的演出愈來愈少。

七、無論是兩個市政局還是演藝發展局／藝術發展局都以推動活動為中心，演藝發展局和早年的藝術發展局主要集中資助藝團和項目，對「行業／生態的整體建設」關注不多，因此中介機構、觀眾擴展、贊助捐助（除個別機構外）等方面的發展滯後。

上述不少特色至今仍然影響我們的生態。

註釋

1 港英政府的中層架構，負責食環衞生和不少文娛康樂公共設施。

2 引用香港大會堂第一位華人經理陳達文博士的口述歷史，他後來成為文化署署長。

香港藝術生態：回歸後至2022年

重組文化行政架構

1997 年香港回歸後，政府進行檢討後重組了文化行政架構，2000 年取消了市政局和區域市政局，並由民政事務局負責文化藝術職能，由新成立的康樂及文化事務署（康文署）作為執行部門，結束了「三頭馬車」局面。2001 年香港中樂團、香港話劇團、香港舞蹈團公司化，離開政府架構，但仍獲康文署年度資助。

康文署負責的文化事務非常廣泛，從 16 個政府演藝場地的管理、主辦文化節目和幾個藝術節、觀眾擴展、管理體育館、博物館、藝術館、圖書館，營運售票系統、藝術培訓（音樂事務處）等無所不包，既是全港文化場地的主要營運者、也是最大的節目主辦者。在制度上不再是「議會主導」，須融入政府部門的運作模式，以職能組建員工架構（例如由文化節目組負責全港不同場地的康文署節目），場地之間不再有「良性競爭」。

香港藝術發展局在回歸後也進行檢討改革，包括機構定位、委員會架構、資助形式、資助制度等方面，革新撥款申請和評審制度。1999 年設立一年及三年定期資助的體制，通過「三年資助」支持六大主要表演團體，而一年資助計劃則促進了一批小型藝術團體「專業化」。此外，除撥款外更重視向社會推廣藝術、改善藝文生態，例如推出藝術家年獎、推廣藝術教育，並通過一些大型活動與康文署（威尼斯雙年展）、貿易發展局（書展）結為合作伙伴。

文化政策的制定

回歸前政府對文化藝術採取不干預政策，重點在於提供消閒活動。回歸後特區政府希望將香港打造成為國際文化大都會，推動西九龍文化區的發展。2000 年，政府成立文化委員會起草香港的文化政策，2003 年文化委員會的報告為本港藝術發展定位提出六大主要發展原則，其中「長遠民間主導」倡議減少政府在文化設施和活動管理上的直接參與，鼓勵有更多社會組織參與，然而政府並不接受這一建議。

2005 年，政府成立表演藝術委員會跟進文化委員會演藝方面的建議，該委員會建議為主要表演團體（九大）設立單一資助機制，改善對新進和小型藝術團體的支持，並鼓勵康文署場地與藝術團體合作、增強場地的藝術特色和拓寬觀眾層面。根據建議，2007 年康文署成立節目與發展委員會及六個藝術小組，為康文署的節目策略提供意見。2009 年所有康文署演藝場地開始場地伙伴計劃，2010 年政府成立藝術發展諮詢委員會（ACAD），負責審批九大的年度資助，並就藝術發展策略向政府提供意見，完成回歸後第二次政府文化藝術架構的更新，除領導的政策局外一直維繫至今。

西九文化區

1999 年，政府配合將香港建成國際文化藝術中心的目標，劃出西九龍海旁 40 英畝土地發展文化娛樂區。當時希望通過土地吸引私人發展商發展及營運文化場地，邀請發展商提交設計和管理方案，並將初選入圍的三個方案向公眾展示，其後發展商之間因為利益問題產生極大矛盾。2005 年政府被逼把西九方案「推到重來」，成立多個委員會對文化區的設施和營運模式重新規劃，並於 2008 年成立法定組織「西九文化區管理局」負責整個專案，同年立法會批出一次性 216 億元的建築費。根據先前財務委員會的推算，文化區的零售／餐飲／娛樂和部分商住用地的租金，可以抵消文化藝術設施的營運成本和節目支出，不需要政府經常性資助。

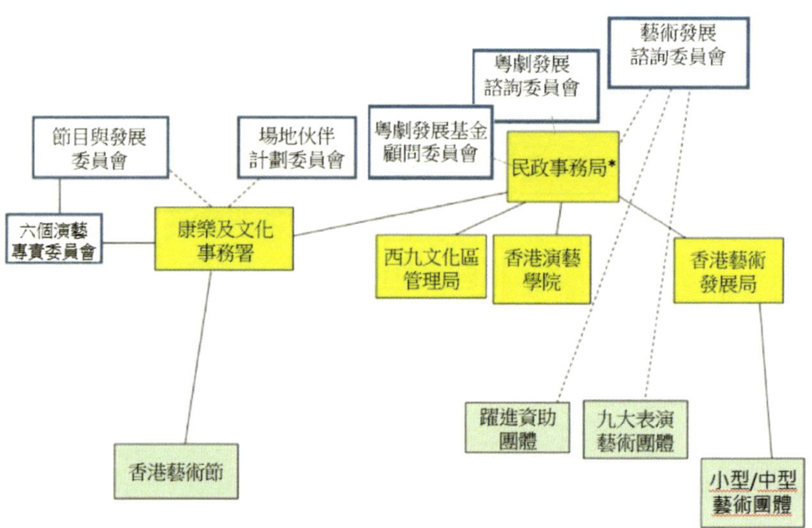

● 2010 年後香港政府推廣及資助藝術架構

這個架構其實運行至今，只是 2022 年 7 月後民政事務局改為文化體育旅遊局。

2010 年代的主要發展

2010 年代的發展主要是在軟體上配合西九設施的落成，2011 年政府推出「藝能資助發展計劃」（ACDFS），支持「以提升藝術工作者／藝團能力、節目／藝術創作、擴展觀眾及藝術教育」為目標的計劃，其中「項目計劃資助」資助比較大型和有影響力的活動，「躍進資助」則扶植有潛質並有經營能力的中小藝團。此資助有「配對」成分，要求藝團尋找社會和企業支持，即可獲得政府倍數的配對資助，「躍進資助」成功令「飛躍演奏香港」、「誼 ‧ 樂社」、香港歌劇團、鄧樹榮戲劇工作室等迅速發展。

政府於 2016 年推出「藝術發展配對資助計劃」，政府為藝術機構獲得的贊助和捐助提供配對資助，藉此提升社會支援文化藝術風氣，受惠者包括九大藝團、香港藝術節、曾獲躍進資助藝團和香港藝術發展局（後者為中小藝團設立配對資助計劃）。此計劃對增加藝術贊助和捐助有相當成效。

另一方面，政府意識到西九文化區的發展需要大量文化藝術管理人才，於是在 2013 年開始撥款支持藝術管理培訓，通過香港藝術發展局和康文署提供大量「實習生」崗位，藝發局亦推出本地及外地升學的獎學金、交流性質的外地實習計劃等。這些免費提供給中小院團的「實習生」當然很受藝團歡迎，也吸引更多年青人進入藝術管理行業。

世紀 · 前進2003

如何民間參與？哪種民間主導？

——回應文化委員會諮詢文件

· 鄭新文
前藝術發展局秘書長

編者按：文委會於11月初推出的第2份諮詢文件，諮詢期即將於本月底結束，前藝術發展局秘書長鄭新文際此提出對文件的意見。鄭新文在本地的藝術行政經驗豐富，肄業於香港中文大學音樂系後開始從事藝術行政工作，曾任政府音樂事務處助理音樂主任(音樂推廣) (78-81)、香港管弦樂團助理總經理(市場及發展) (82-86)等，貢獻良多，其觀察甚具參考價值。

文化委員會繼去年提出「民間主導」作爲長遠發展的大原則之一，倡議民間團體長遠應成爲文化發展的主要力量後；最近發表的第二份諮詢文件，進一步提出以「民間參與」作爲由政府主導過渡至民間主導的中間平台，指出民間逐步參與公共文化設施的管理，是一個必經的過渡。在執行層面，政府應由管理者逐步變爲促進者。

個人十分贊同以「民間參與」作爲策略，也支持民間人士參與公共設施的管理，但對文件就不同設施範疇及不同層面提出的落實措施則甚有保留。

民間人士的參與

文件提出的民間參與管理其實可細分爲營運管理上的參與和決策監管上的參與，前者文委會提出把一個大型演藝場館的場地管理連同節目編排外判（試驗計劃）、以及場館性格化政府與民間伙伴計劃（由康文署管理場館硬體、駐場藝團策劃節目）；決策監管上的參與則倡議成立法定組織，並由類似信託基金會負責旗艦博物館的管理和資源拓展，其成員主要來自民間。

民間人士參與文化藝術機構的監管，其實還有其他落實措施如公司化（文件亦提及康文署三個藝團成功公司化）、成立類似文化委員會性質的諮詢委員會等。關鍵是如何選擇最合適的落實措施，個人認爲三個重要考慮爲：

1）長遠的目標及落實措施爲何？

2）應在哪些層面落實？在政策制定？分配資源？還是設施/場地監管層面？（不同層面也可結合）

3）是否因應不同設施範疇的發展情況選擇合適的短期策略，再按部就班向長遠目標邁進？個人嘗試把文件所建議、未來不同層面及不同設施「民間參與」的落實措施表列如下：

層面＼設施	圖書館	博物館	演藝團體	演藝場所
政策制定	民政局	民政局	民政局	民政局
資源分配	圖書館委員會X	博物館委員會X	文化基金會X	康文署
設施＼場地監管及管理		類似信託基金會機制(旗艦博物館)(X)	獨立非牟利有限公司X	一個大型場地外判試驗計劃Y 專題場館駐場計劃 Y

X 民間人士參與監管

Y 非政府人員負責管理場館及＼或策劃節目

文件就不同設施提出不同的落實措施。未來架構中圖書館及博物館上均設立管理委員會，但在演藝場地方面無論是資源分配或場地監管方面均沒有委員會，直接由民政局監督康文署工作；「民間參與」僅透過政府與民間組織的伙伴關係（外判試驗計劃及場館性格化）體現，背後理念並無清晰交代。現時所有大型受資助的演藝團體均以非牟利有限公司形式運作，文委會亦建議未來旗艦博物館交由類似信託基金會機制管理，這安排符合「民間參與」的策略，可以作爲民間人士參與公共設施監管的目標，爲何大型演藝場所不以類似方式處理？或作爲長遠的發展目標？（文件認爲由私人機構代替康文署營運大型場館的條件尚未成熟，其實這判斷只針對管理而非監管方面）。

個人認爲成立管理委員會或信託基金會的條件是否成熟，其中一個重要考慮是該設施範疇是否有足夠數量對該範疇有認識、而又具參與公共服務經驗的社會人士可以參與監管工作，以確保監管的質素。現時曾參與演藝機構監管工作的社會人士，比有監管博物館經驗的社會人士爲多，爲何演藝方面不把大型場館交由信託基金會管理呢？

在政策制訂及整體資源調配層次，現時文化委員會可向政府提供意見，而有關藝術方面政策則藝術發展局可自行釐定。文件建議將來民政事務局全權負責政策制定及整體資源調配，文委會可以解散；現時藝發局在制訂藝術政策及藝術推廣方面的工作則分別交由民政局及康文署負責。放棄現制度已存在的「民間參與」，似乎與民間主導的大原則背道而馳。

此外，個人認爲「民間參與」涵蓋範圍甚廣，除民間人士參與公共設施的管理外，其他形式的「民間參與」也值得探討。

工商機構的參與

在本港推動藝術活動的一大困難是很難找到工商機構的支持。文件指出因香港的低稅政策，稅務優惠不是鼓勵工商界資助文化藝術的重要誘因，但卻未能提出足夠的具體措施改變現狀。

文委會既建議香港發展成爲文化大都會，應該要求政府來投入文化藝術的總體資源不減（不僅「維持適當的撥」），把現有資源調撥重要，但只能有限度改善現有務，未來能否有實質發展，商界投入的資源是關鍵。不少地政府把部分投入文化藝術的資源與來自商界及私人的掛鉤 (matching fund)，吸引商界支持文化藝術。

非牟利或私人機構的參與

文件指出康文署以龐大的資源優勢主辦演藝節目，引來否窒礙私人節目承辦者參與空間的關注，但並無指出未來文署是否繼續擔任主辦節目角色、政府投入主辦節目的經費未來如何安排。

無疑，未來負責演藝場地節目的機構，應獲分配一定源以主辦部分節目。但同時應提供較目前更多的空間予節目承辦者在公共場地主辦節目，這些節目承辦者可以是人機構，也可以是現時有業績的非牟利藝團。要達到這象，一部分主辦節目的資源應通過文化基金會撥予節目者。事實上，主辦節目涉及意識形態判斷，政府直接參存在危險，恐怕藝術自由受到政治干預。另一方面，民構可以較靈活地吸引商業贊助，更符經濟效益。引進競制也有助建立更多元化和健康的市場。

重視「民間參與」執行者

要「民間參與」得以成功落實，同時建設香港成爲國化大都會，必要條件是一群具質素的執行者。香港有經驗文化藝術行政人員不多，頗大比率在政府工作，他們是香港文化藝術的資產。如何鼓勵及安排優秀的管理文化人才過渡，將來繼續在新架構的各類組織發揮其積累的驗，這是政府必須正視的。此外，吸引更多社會人士參與化藝術機構的決策監管工作也是「民間參與」的關鍵。

● 2007 年投稿《明報》，發表對「民間參與」的意見香港藝術發展局在王英偉擔任主席、周惠心擔任總裁期間主動到海外交流平台（例如不同演藝形式的博覽會和內地的場地管理集團）推廣香港藝術家和院團，大大提升了香港藝術家的知名度；同時積極在本地尋找合作伙伴、為藝術家提供不少的工作室、排練場地等，藝發局在藝術推廣上承擔更多角色（主辦方、中介方、場地管理者等）。

因應粵港澳大灣區的發展，康文署於 2018 年設立文化交流聯絡辦事處，推動及資助香港藝術團體到大灣區演出，又於內地和海外其他城市舉辦「香港文化週」，積極為香港藝術團體擴展海外市場。

西九的場地因為興建高鐵站等種種原因延遲，不過在表演藝術行政總監茹國烈的領導下，推出了西九大戲棚、自由野、自由約等節目[1]，也跟海外不同的藝術機構建立合作關係，共同製作有香港藝術家參與的節目，促進國際交流，同時以長遠投資策略委約新作，音樂劇「大狀王」就是一個非常成功的例子。

2018 年賽馬會大館啓用，2019 年西九戲曲中心和自由空間相繼落成，標誌着一個重要的里程碑：香港增加了演出場地、主辦者和不同的營運模式，藝術家／院團也多了本地和國際的潛在合作伙伴，同時西九的場地很清楚以專業文化界為服務對象（不接受公眾租場），這些新措施都有助本港表演藝術生態更健康地發展。

註釋

1 自由野和自由約在推動本地戶外文化活動是很有意義的探索。

香港藝術生態的特色

相信讀者透過上兩節對香港藝術發展的脈絡、架構等有一定的了解，本文打算從比較宏觀的角度、省視本地藝術生態環境的活躍程度、政府的文化政策和投入的資源，探討香港表演藝術生態的特色。

活動數量和活躍度

在新冠疫情前，根據香港藝術發展局發表的《香港藝術界年度調查 2019–20》[1]，香港於 2019–2020 年舉行了 9,280 個不同的文化與藝術活動，平均每週有 178 個不同的文化活動，包括 35 部電影藝術節／獨立／專題放映的電影，82 個表演藝術節目，19 個視覺藝術展覽。

其中表演藝術全年有 4,268 個節目、共 7,024 場演出，吸引了 297 萬名觀眾，平均每名香港人一年到訪劇院／音樂廳 0.45 次；累計全年票房收入共 3 億 6,800 萬港元。2019–2020 全年展覽有 990 個，分別在 264 個場地舉行；電影藝術節／獨立／專題放映的電影全年共 1,827 個節目，觀眾 29 萬 5 千人次。

這些資料顯示香港的藝術活動很繁榮很有活力，藝術家有很多演出和展覽的機會，觀眾也有眾多的選擇。不過值得注意是 2013–2014 年度調查報告指出 78% 演出獲得公共資金資助，44.5% 演出獲得場地租金補貼。[2]

香港的文化政策和文化資源

根據香港文化體育及旅遊局網站，香港的文化政策如下[3]：

願景：

香港成為一個中外文化藝術交流中心及國際文化大都會，植根於中國傳統且融會多元文化。文化藝術元素豐富了市民的生活，而創意則是推動社會持續進步的原動力。

目標：

- 使香港成為中外文化藝術交流中心
- 提供廣泛參與文化藝術的機會
- 提供機會讓有潛質的人士發展他們的藝術才華
- 創造一個有利文化藝術多元及均衡發展的環境
- 支持保存及弘揚我們的傳統文化，同時鼓勵藝術創作和創新

基本原則：

- 以人為本：鼓勵市民參與文化藝術和發揮個人在文化藝術方面的潛能。
- 多元發展：促進充滿活力的多元文化發展。

● 尊重表達自由：尊重藝術自由，加強保護智慧財產權。

● 全方位推動：社會各界共同參與，締造一個有利文化藝術蓬勃發展的環境。各政府部門攜手合作，推動藝術文化發展。

● 建立伙伴關係：建立一個由政府、商界及文化界組成的伙伴關係。

香港政府文化資源配置

在 2022–2023 年度，政府在文化藝術發展方面的經常性開支超過五十九億元（約佔整體政府經常性支出百分之一）。下圖是 2021–2022 年文化資源的分配情況。文化的資源大部分由康樂文化事務署掌握，因為他們負責公共演藝場地及節目、公共圖書館及活動、公共文物、博物館及展覽。資助主要演藝團體的資源佔整體 7%，比香港

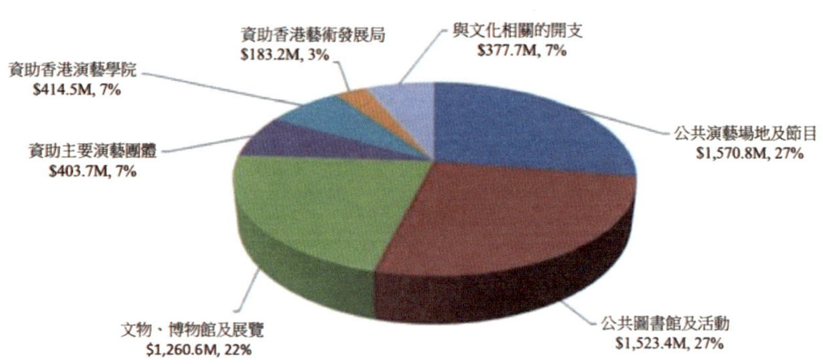

● 香港政府為文化提供的資源（2021–2022 年度）

藝術發展局獲得的資助（3%）多超過一倍。資助香港演藝學院也有7%。雖然回歸已經二十年，但藝術資源的分配與回歸前分別不大。

個人對香港藝術生態的觀察

假如我們用生態圖概念來檢視香港的藝術生態，因為市場小（香港居民只有七百多萬），又缺乏社會資源支持（除了粵劇），收入一般難以抵消演出及製作費用，本來很難發展藝術活動。但因為政府直接參與製作（主辦和策劃節目）、分發（營運文化場館），聘用管理人才（文化經理）、也資助非營利藝術機構營運和主辦活動，投入

生態圖

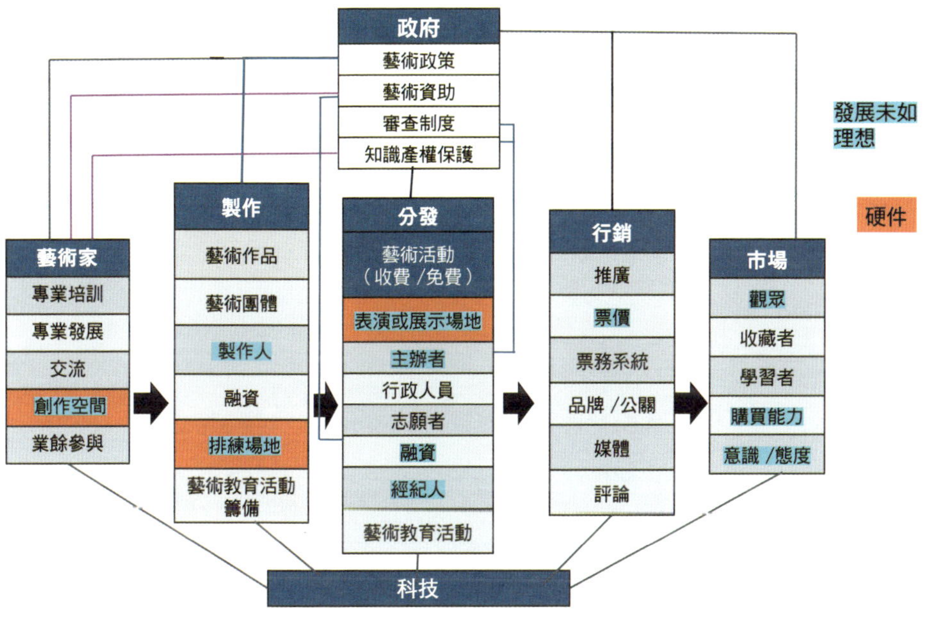

● 香港藝術生態哪些方面應該改善？

大量資源導致很多藝術活動可以舉行。為了培養擴展觀眾，政府更通過補助使藝術活動的票價保持在較低水平。所以整個藝術生態從創作 —— 製作 —— 分發 —— 營銷都深受政府參與的影響。

生態影響運作，大部分本地中小型藝團有賴獲得資助才能存在，因此成功獲取資助是重要目標，而推出新製作是手段，開發市場往往是有心無力。為了獲得較多的資助，它們每年疲於奔命推出幾個新製作，但因為缺乏忠實觀眾新製作只能演一個週末，演期短無法開發市場，新作品藝術上也沒有機會改進和提煉成為「精品」，藝術和經濟效益都無法提升，長期形成一個惡性循環！幸好近年業界開始重視打做「精品」和「長演劇目」，躍進資助也培養了一批藝術上優秀又有一定營運能力的機構。

個人認為回歸後藝術發展最大的成就是本地藝術家 / 院團的國際知名度有所提升，説明愈來愈多香港藝術家 / 院團達到國際水平，誠然也是康文署和藝術發展局近年努力推廣的成果，一方面大力開發內地（特別是大灣區）市場，另一方面在國際平台推介本地優秀藝術家 / 藝團，使作品有更多重演的機會（精益求精），十分令人鼓舞。

個人同時認為整個生態內最大的問題在於演出場地嚴重缺乏，回歸後接近二十年政府未有興建西九以外的文化場地，西九文化區的延期導致許多藝術活動找不到合適的場地，具有市場吸引力的大型國際巡演節目（例如著名音樂劇）也無法在港演出。場地是連結藝術活動與市場的核心，影響巨大。

政府的高度參與其實對生態也有不良的影響，香港的主辦藝術活動機構、中介機構（經紀公司、票務公司）、資深的獨立製作人等非常缺乏，因為它們沒有生存空間，各種演出資源（藝術家、投資方、贊助、市場）難以有機組合起來，創造更健康的市場機制。這影響了本地藝術家的推廣（特別是開展海外市場），也不利擴大本地市場。根據藝發局《香港藝術界年度調查報告》提供的數據，我注意到過去十多年觀眾人數的增長追不上藝術活動數目的增長，意味着每一個演出的平均觀眾人數正在下降。

從市場角度，本來市場就不大，市民習慣了「受資助的票價」，即使對文化活動很支持，估計在這方面的消費金額低於鄰近地區（雖然薪酬水平較高），大部分藝術活動票房收入有限，能夠盈利的商業藝術活動極少。雖然香港的商業金融業等非常發達、慈善活動也發展得很好，但企業和慈善家一直對文化藝術活動的贊助和捐助不多，不利於可持續發展。幸好近年有了配對資助後確實吸引了較多的贊助和捐助，情況有所改善。

因為歷史原因，香港長期缺乏整體的文化藝術政策，投入的資源主要為市民提供優質和均衡的「文化服務」，對藝術生態環境、行業建設、促進良性競爭、可持續發展等方面關注不足。2003 年文化委員會的報告也未能提供一個全面的文化政策藍圖。雖然個人很認同其提出的「長遠民間主導」原則，可惜這點沒有獲得政府接納。

無疑，近年西九文化區和大館等藝術場地相繼營運，增加了持份者的多元，也帶來較多競爭。個人深信競爭會導致進步，只要致力開發大灣區／內地／國際市場，注重行業建設和改善生態，那可持續性便能有所提升。

註釋

1 選擇 2019/20 資料是因為其後數年的數據受到新冠疫情的影響，市場仍未恢復。

2 選擇 2013/14 資料因為其後的年度調查沒有提供這方面的數據。

3 資料來源：https://www.cstb.gov.hk/tc/policies/culture/culture-and-the-arts.html

文體旅局與未來發展藍圖

2021 年國家公佈「十四五」規劃綱要（2021–2025），支持香港發展「中外文化藝術交流中心」，同年國家藝術基金向港澳開放，這兩個國家政策對香港影響深遠。本文集中介紹 2022 年李家超就任特首後文化藝術政策的發展。

2022 年 7 月政府成立文化體育及旅遊局（文體旅局），文化藝術終於有專責的政策局，文化藝術與創意產業也屬於同一個政策局。李家超特首的首份施政報告（2022）即提出一系列關於文化發展的新政策，包括：

- 成立「文化委員會」，制訂「文藝創意產業發展藍圖」
- 2024 年舉辦香港演藝博覽
- 強化香港演藝學院的人才訓練基地角色
- 扶助新一代人才及藝團
- 提升文化基建

1. 制訂文化藝術設施的十年發展藍圖，改善及擴建現有文化設施，並在新發展區增建博物館、圖書館及表演場地
2. 鼓勵發展商在其項目中加入文化藝術設施

- 舉行大型文化盛事
  1. 設立「文化藝術盛事基金」，進一步推動香港成為「文化藝術之都」
  2. 主辦「2024 粵港澳大灣區文化藝術節」
- 推廣香港流行文化，每年舉辦「流行文化節」
- 宣揚中華文化

2023 年的施政報告宣佈增加每年的文化交流撥款四成，並推動愛國教育，包括成立「弘揚中華文化辦公室」，舉辦「中華文化節」，設立兩所博物館介紹國家歷史文化。

2024 年的施政報告則聚焦西九文化區，包括推廣文化區為國際文創商業盛事場地、加強文化藝術創意項目產出、打造文化區成為必到的文創旅遊地標等。

《文藝創意產業發展藍圖》

文化委員會在 2023 年 3 月成立，2024 年 11 月文體旅局公佈《發展藍圖》），相當全面為香港未來的文化藝術和創意產業發展訂下願景、原則和發展方向，鞏固香港作為中外文化藝術交流中心的地位。

藍圖指出文體旅局成立以來的四大策略：

一、建立世界級的文化設施和多元文化空間

二、加強與內地的文化交流合作及海外藝術文化機構的關係

三、善用科技

四、培養人才

文件也簡要地檢視了發展現狀（包括優勢和挑戰），分析了一些國際經驗，然後訂出願景、六大原則、提出四個發展方向和 71 項措施。目標到 2034 年文創產業增加值達 2,000 多億，就業人數達到約 26 萬 4 千人。

因為文件對未來發展有指引作用，我把主要內容節錄如下：

願景

香港成為「中外文化藝術交流中心」，發揮香港以中華文化為本，糅合西方文化的色，促進中外文化交流，增進民心相通，以推進高質量的文化藝術和創意產業發展，豐富市民精神文化需要，為拉動經濟發展提供源源不絕的動力，成就香港文化藝術可持續的長遠發展，同時講好中國故事、香港故事。

發展方向

一、弘揚中華傳統優秀文化，發展香港特色文化內涵

- 完善博物館體系，豐富市民對中華文化的認識，同時成為旅遊熱點，吸引旅客帶動經濟；
- 推廣嶺南文化特色，推動非遺保護和傳承工作，並加強與大灣區其他城市合作；

● 舉辦和資助更多與中華文化和歷史有關的活動、交流和合作，宣揚中華傳統優秀文化；及

● 培養熟悉中華傳統優秀文化人才及配合愛國主義教育工作。

二、發展多元及國際化的文化藝術產業

● 打造香港成為創意之都，推動和支持本地文創產業發展；

● 打造香港流行文化之都地位；

● 提升硬體數量和質素，配合文化創意產業發展；及

● 增進文化氛圍，拓展觀眾參與，提升市民的獲得感、滿足感。

三、建立國際平台，促進中外文化藝術交流

● 鞏固香港成為國際文化盛事之都，舉辦及支持更多大型、多元和創新的文化藝術活動，為中外文化藝術交流提供平台，同時促進盛事經濟；

● 利用香港國際化的策展和創作技巧，在香港和海外推廣中華傳統優秀文化和香港獨特文化，發展相關文藝產業，並鼓勵業界多參與國家的文化藝術工作；及

● 吸引內地及海外藝團及藝術工作者與香港進行文化交流。

四、完善文藝創意產業生態圈

● 推動文化藝術和創意之風，建設香港文藝創意產業鏈；

● 開拓多元發展階梯，培訓本地人才，同時匯聚海內外人才，完善文創人才庫的生態鏈；

- 增強市場力量，讓文化藝術和創意產業界與商界建立互惠互利的關係；
- 扶植產業開拓內地和國際市場；及
- 加強硬體配套，完善產業化的條件。

關心香港文化藝術發展的朋友應該細讀這份文件，無論你對內容有什麼意見，它是一個里程碑（香港特區政府第一份發展文化藝術的策略和藍圖），相信在可見的將來也會主導政府的參與和措施。

因為本人曾經是文化委員會成員（2025 年 3 月已經卸任），不適宜對藍圖發表任何意見。個人對香港藝術生態的意見和期望，已經在此書不同章節分享。

香港需要演出場地政策（上）

表演藝術的從業員都知道香港嚴重缺乏演出場地，想安排演出一般要一年前規劃[1]，申請訂場後還要經過分數分配制度才能確定是否成功。本地的新製作如果受歡迎，要找場地重演一般都要半年至一年之後。因為場地所限，相比鄰近城市（廣州、台北等），在香港看到大型商業音樂劇國際巡演的機會較低，主辦者很難在香港找到願意租出一段長時期的大型場地，場地座位數目和演期長短當然直接影響財務的可行性，因此缺乏演出場地對香港作為中外文化交流中心的地位是一個障礙。

應該指出，近年情況逐漸有所改善，因為西九的戲曲中心和自由空間落成，加上東九龍文化中心 2025 年啟用、2027 年西九的演藝綜合劇場預計開幕，康文署也在規劃新界東北的文化中心。2023 年特首的施政報告承諾在未來十年增加文化場地的座位百分之五十（雖然沒有公佈具體的計劃），未來應該比較樂觀。

香港演出場地的發展

先前已提過香港的文化場地曾經有過很光輝的日子，從 1977(藝術中心啓用前）到 1989（香港文化中心開幕）的十多年期間，我們的文化場地從單一的香港大會堂[2]發展到大小不同的場館，覆蓋全港不同區域，當時是鄰近城市的典範。不過這些硬件絕大部分是因為新市鎮發展（沙田、荃灣、屯門）和市政設施提升（各區市政大樓內加入文娛中心）促成的，並非因應文化政策或文化場地的發展政策而興建（因為沒有這方面的政策）。因此，這些文化設施需要滿足相關社區不同群體的需要[3]，唯一的例外是香港文化中心。

在西九文化區和大館之前，香港的文化場地大部分都是公帑興建和由政府部門運營，獨立營運的只有香港藝術中心（土地由政府提供、自籌經費興建）、香港藝穗會等，它們並沒有獲得政府經常性資助（雖然可申請個別計劃的資助）。在它們資金比較充裕的時候，例如 1980、1990 年代曾經主辦不少有特色的活動，近年以租賃場地為主。事實上，獨立經營的場地非常困難，數年前曾經辦得有聲有色的「虎豹」音樂場地也以結業告終。其他非公營演出場地基本上是大學的設施，以服務大學師生為主（香港演藝學院的歌劇院、香港浸會大學大學會堂和香港理工大學的賽馬會綜藝館是其中少數經常出租的場地）。

近年開始有較多的小型場地，例如賽馬會創意藝術中心黑盒劇場、大館賽馬會立方、前進進牛棚劇場、自由空間細盒，但仍滿足不了需求。假如我們對標國際，就看到紐約、倫敦、東京、首爾都有很多私人投資、經營的演出場地，可惜極少發展商和企業願意投入資源參與香港文化場地的興建或營運，只有太古集團的

ArtisTree，新世界集團創立 K11 和參與青年廣場的營運管理（通過附屬公司），香港地產商在內地的物業項目往往更積極參與文化場地的建設和保育。

1998 年新成立的特區政府把原來在西九填海區興建歌劇院的計劃擴展成為大型綜合文化區計劃（當時聲稱是世界第一個全新建設的綜合文化區），並計劃由社會資金主導。可惜其後須「推倒重來」、成立西九文化管理局負責整個發展，並論證建立十五個文化場地和 RTL 經營模式（通過零售 / 飲食 / 娛樂收入填補文化藝術設施營運虧損）。其後西九在落實戲曲中心、自由空間及演藝綜合劇場設施後已經出現財政赤字，最近經政府容許售賣部分物業，估計可以支援未來十年的營運。本文無意探討西九財務問題，只是想指出西九的發展計劃在二十一世紀初期曾經贏得國際關注；它現今的處境提醒我們香港需要一個高層次、整體的演出場地發展策略。

場地在表演藝術產業鏈中發揮關鍵作用

前文提到演藝文化的發展需要關注整個行業的生態環境和產業鏈，因為不同的因素互為影響。而場地在產業鏈中擔任極為關鍵的角色，它既是製作中心也是分發 / 分銷中心。所有藝術家及表演團體都需要在演藝場地演出才能接觸觀眾，場地的大小、舞台設施、收費、營運模式等直接影響每一個製作。

演藝場地一般分為「製作型場地」及「非製作型場地」，前者會主動組織創作者、表演者、行政及技術人才、資金等資源、集聚打造新的製作，最後於該場地演出，涉及相當大的風險，但影響力也更大（成功的製作可以巡迴演出、成為產業）；而「非製作型場地」只會挑選外來的製作公演，承擔較低風險。

以上提及的兩類場地均兼任主辦方，直接控制上演節目的類型和質量，建立場地品牌，不過也涉及較高的風險。把場地設施外租是保證穩定收入的方法，但很難控制節目的質素。假如租場的節目水平不佳，場地的形象也會受損，因為一般觀眾不能分辨租場節目與主辦節目。因此有的場地（例如國家大劇院、香港戲曲中心等）不接受租場，只通過合辦／協辦形式讓高水平藝團使用場地。

場地的活躍程度一般與資源有關，大部分高雅藝術活動都無法收支平衡，主辦方需承擔虧損，安排多些節目會增加虧損，因此各地非營利場地大多需要政府補貼。香港大會堂早年活動不多，就是因為經費不多。但自從市政局 1973 年財政獨立後，擁有資源大大提升，能夠很積極地主辦在大會堂演出的本地和訪港演藝節目，市政局更籌辦亞洲藝術節、香港綜藝闔家歡等。1977 年市政局組織專業演藝團體（香港話劇團、香港中樂團和香港舞蹈團），一方面為大會堂（及其後所有市政局管理的演藝場地）提供豐富多姿的節目，同時這些節目也會吸引更多市民成為場地的觀眾。雖然沒有明文的演藝場地發展政策，但演藝場地一直是推動香港演藝發展策略的主要動力。

註釋

1 香港大會堂和香港文化中心一年前接受訂場申請，康文署其他場地則可以在七個月前申請。

2 未包括私營的利舞台戲院，1991 年拆卸。

3 因此這些文化場地也接受幼稚園畢業典禮租場。

香港需要演出場地政策（下）

需要關注場地的管理模式和資助方式

大部分先進國際城市都有超過一個主要場地的營運者，不同場地會有獨特定位，側重不同節目、針對不同的觀眾區隔、往往採用不同的營運模式。場地之間有一定的競爭，促使它們建立更清晰的定位和提升管理水平。國際上大部分演藝場地的節目和營運模式都由該場地的管理層負責。例如上海大劇院藝術中心（集團）也讓轄下劇院（上海大劇院、文化廣場、YOUNG 劇場）策劃各自的節目、建立各自的管理模式和品牌。

在區域市政局 1986 年成立後，曾經採用「場地為本」的管理體制，荃灣、沙田、屯門大會堂的高級經理不單管理場地設施，更需要負責該場地的節目策劃及形象建立，造成不同場地之間有良性的競爭（也包括與市區場地）。個人認為在政府體制內的藝術管理者大多數都很有能力，其中不少是我很敬佩的同業友好，「場地為本」體制釋放了他們的活力和創意，無論管理者、政府及觀眾都受惠。可惜殺局後康文署把節目策劃「中央化」（由文化節目組安排所有場地的節目），場地經理只負責場地的物業和行政管理。雖然 2007 年開始通過「場地伙伴計劃」來建立場地「性格」，個人認為純粹借助場地伙伴成果有限，很高興新落成的東九龍文化中心將試行「場地為本」管理模式，希望能開花結果。

表演場地有不同的營運模式，有完全商業化的私營劇院，有非營利性質獲得政府營運補貼的、有由政府資助的非營利專業院團經營的（院團合一）、有政府興建但外判給劇院管理公司營運的（在內地非常普遍）、也有政府完全承擔財政風險（收支兩條線）並直接管理的（康文署）。在演藝活動蓬勃的城市，不同營運模式的演藝場地並存，政府一方面為私人商業經營場地提供一個理想的運營環境，同時也會撥款資助一些推動「高雅藝術」和「社區／群眾藝術」的場地，形成良性競爭和百花齊放。

不過在香港歷史造成「康文署模式」一支獨秀，一方面大部分的演藝場地都由該署管轄，另一方面因為政府承擔它們的開支，場地的租金定價低於成本（非營利機構更有額外的補貼）[1]，康文署主辦的節目一般收支不需要平衡，因此票價可以盡量大眾化，對市民是好事，但不利藝術生態的可持續發展。觀眾習慣了享受「補貼後票價」，試問會願意承擔「真實的票價」嗎？私營場地無論在租場收入和票房收入方面都間接受到政府場地的影響，試問精明的企業家有什麼誘因進入這個市場？應該指出在西九的場地和大館開始運作之後，開始有較多的營運模式出現。

需要高層次、全面的表演場地政策和發展策略

歷年來政府（包括英治和特區）投入了很多資源興建和營運香港的演藝場地，雖然沒有明文的場地政策和發展策略，這些場地確實推動了香港演藝多方面的發展，但過度的政府參與同時也局限了市場的健康發展，包括一些非政府的場地未能充分發揮它們的能力、缺乏私營場地等，不利於香港演藝生態的可持續發展。

海外和內地的一些知名表演團體和藝術節也會經營它們專屬的演出場地，提升它們的品牌和影響力，在香港藝術院團只能做場地伙伴，個人認為我們的一些院團／藝術節有很好的管理往績和公司治理，政府應該論證專屬場地作為長遠發展方向。

在促進香港成為中外文化交流中心時，我們需要探討究竟表演場地擔任什麼角色。除了硬件方面的規劃，場地的經營模式、政府的角色和支援／資助方式也需要通盤考量，我們需要的是一個高層次和全面的演藝場地發展政策，建議制定這個政策時探討以下課題，為香港訂立目標和發展策略：

- 配合演藝領域的最新發展和本港藝術家的抱負，未來 30 年我們需要的演藝場地是什麼類型、規模和設施
- 配合香港社會和人口未來的發展，教育和娛樂方面的需要，未來 30 年我們需要的演藝場地是什麼類型、規模和設施
- 場地發展如何配合香港作為中外文化交流中心的定位和最新的文化政策
- 從推動演藝生態可持續發展角度，公營場地和私營場地應該

扮演什麼角色

- 如何鼓勵更多私人參與演藝場地的投資、建做和營運
- 論證卓越藝術機構（藝團和藝術節）經營專屬場地的可行性
- 哪一些場地營運模式和資助方式有利於促進香港演藝生態多元和可持續發展
- 如何鼓勵公營場地提升效益和性格、發揮創意和活力，建立兼顧藝術效益、社會效益和經營效率的評核機制
- 如何支持／資助非營利性質、分別推動「高雅藝術」和「社區／群眾藝術」的場地，建立兼顧藝術效益、社會效益和經營效率的資助評核機制
- 如何為整個業界（不單是公營場地）建立高水平演藝場地管理人員的人才庫

規劃署「香港規劃標準與準則」內有關於「藝術場地」的內容，指出「需求評估」要考慮多個因素，包括政府藝術相關政策的影響，現在政府有了《文藝創意產業發展藍圖》，應該正視演出場地的整體生態，委約相關的調研，為未來政策的制定提供參考。

註釋

1 內地相若設施租金往往是香港的幾倍，因為他們需要收回成本。

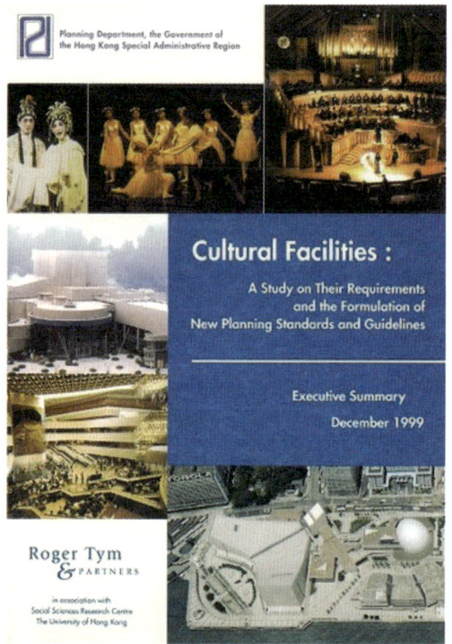

● 規劃署在 1999 年曾委約一個關於文化設施需求及規劃標準與準則的研究

論主要表演藝團的「進出機制」

《文藝創意產業發展藍圖》提出要全面檢討現時資助藝團的制度，包括採用績效指標作為評核準則以及建立主要表演藝團的「進出機制」，這兩個課題其實在本港討論了多年。有關主要表演藝團的「進出機制」特別具爭議性，因為資助機構在不同的時期有不同的取向。個人三十多年來擔任的多個身份與此課題有直接關係。[1]

現時政府資助「主要表演藝團」（俗稱九大）並沒有「進出機制」，曾經被不少業界質疑為何是「九大」，不是「六大」或「十一大」，因為現時的資助沒有年限，每年經考核後決定來年的撥款。其實主要表演藝團的資助機制在香港經歷過幾個階段，「進出機制」也曾經推行過，但不同的資助機構取態曾有三百六十度轉變。「溫故知新」，今天重溫一下相關背景也許能帶來一些啟發。

現時獲資助的九大（主要表演藝術團體）都有超過四十年的歷史，2007 年前分屬兩個資助系統，香港中樂團、香港話劇團及香港舞蹈團由市政局成立及資助，2001 年三團公司化後則由康樂文化署資助；香港芭蕾舞團、城市當代舞蹈團、中英劇團、香港小交響樂團最初由演藝發展局（1982–1994）資助，1994 年後由藝術發展局資助。香港管弦樂團比較特別，曾同時接受市政局及演藝發展局資助，其後 1989 年完全由市政局 / 康樂文化署資助。進念二十面體在藝術發展局 1999 年設立「三年資助」時才獲得資助。

演藝發展局（1982–1994）及藝術發展局早年（1995–1998）的資助形式為「通常性經費資助」（General Support Grant），每年按藝團表演及次年計劃書作出撥款決定（形式與現時相似）。因為缺乏明確的績效指標，當時資助機構傾向每年各團撥款增幅（減幅）相若，令有成績的藝團缺乏更上一層樓的動力。

1997 年藝術發展局委任國際顧問公司，為資助主要表演藝團（當時六個，包括之前未提及的赫墾坊劇場）進行檢討，顧問建議參考國際慣例未來資助應該設固定年期及「進出機制」，藝發局通過並於 1999 年開始實施「三年資助」。推行後確有「上車落車」的情況出現，赫墾坊下車、進念及劇場組合上車。這段期間藝團的表現都十分進取，至 2007 年時有六個主要表演藝團接受三年資助，而康文署則資助另外四個。

2006 年政府委任的表演藝術委員會建議，制訂一套「共通的評估機制和準則」評估這些藝團的表現，2007 年民政事務局為以上提及的十個主要藝術團體直接提供資助（其後劇場組合退出，只餘下九個）；並成立表演藝術資助委員會為政府提供意見，2010 年把這工作交給當時成立的藝術發展諮詢委員會。

同年民政事務局委託顧問就主要表演藝團的資助進行研究，報告在 2012 年發表並呈交立法會。[2] 顧問參考了多個國家資助主要藝團的做法，建議政府鼓勵藝團建立更清晰的自我評估框架及主要表現指標，並建議以固定年期方式資助主要藝團（初期三年，六至九年後轉為六年 [3]），每三年進行藝術評估及每六年全面審視各團的表現，顧問也就未來可能加入為主要藝團提出一些建議申請程序。報告提出有關績效考核方面的建議大都其後落實了，資助機制也加入顧問建議的「論功行賞」的機制。但是「固定年期」資助沒有再提出，也沒有進行三年／六年的整體審視，每年給九大的撥款稱為「恒常資助」。

主要表演藝團既然需要公帑支持，便無可避免要向公眾交代，資助機制必須令公眾覺得公平，顧問報告指出「固定年期」是世界多地採取的資助模式，香港康文署的場地伙伴計劃也是固定年期（三年）。考慮到主要表演藝團的活動規劃周期長，個人認為資助年期適宜較長。[4] 有人擔心進出機制會帶來很大的風險，因為藝團的成績和水平受到多方面影響，包括它的藝術視野、藝術和行政領導、藝術家和行政人員的能力、董事局的公司治理等，一個成功的主要演藝團體往往需要數十年建立上述能力和品牌。個人認為有了「進出機制」並不代表一定要現時主要藝團「下車」（除非它們長期沒有成績），只是通過競爭機制確保進步的動力！

過往的主要表演藝團年度資助帶有「赤字資助」（deficit funding）概念（由資助機構考慮補貼藝團營運的赤字），這種方式比較難提升藝團的積極性及可持續發展。國際上不少藝術議會已經把「資助」改為「投資」的概念，重視「回報」，雖然「回報」不是金錢而是提升藝術水平、藝術體驗、受惠人數、品牌知名度等。年度資助機制應該鼓勵藝團邁向可持續發展，致力增加自賺收入（票房、教育、贊助及捐助）的比率；政府不應因為有成績（收入增加）而減低資助額，反而應該更有信心繼續「投資」，讓它們發展具創新性、挑戰性和有成效的項目／計劃，期待帶來更大「回報」。個人認為現在的「配對資助」和獎勵業績的資助邁向這種理念。

政府一直容許主要表演藝團維持一定比率的「儲備金」，使藝團可以有資源應付緊急情況。建議優化這方面安排，鼓勵藝團開源及更靈活運用儲備金促進發展，那撥款機構考慮撥款時可以減少「赤字資助」的考慮。

先前提到 2012 年顧問報告就評審藝團整體成績方面（不單是年度評估）有清晰的建議，雖然三年及六年的評估／審視沒有落實，但值得深入探討，特別是邀請海外專家參與藝術評估，現時主要藝團邁向國際市場，有國際專家參與審核它們藝術上的水平、定位、視野很重要，在本港也應該組織專家團隊定期審視它們的演出。

總的來説，文體旅局應該跟進《藍圖》、落實全面檢討現時資助藝團制度的行動計劃，建議委任一個國際顧問團隊（包括本地專家），整體審視現時中小型藝團和主要表演團體的資助，由於涉及整個藝術生態的資源配置、藝團流動性和營運文化，僅靠藝術發展諮詢委員會和／或藝術發展局的內部審視資助制度，無法達到全面檢討的目標。

註釋

1 包括不同時期擔任受資助主要藝團的行政總監（香港藝術節）和董事（香港舞蹈團）、負責評審的委員（藝術發展諮詢委員會）和資助機構的行政主管（藝術發展局）。

2 Positive Solutions & GHK, (2012), *Research Study on a New Funding Mechanism for Performing Arts Groups in Hong Kong*.

3 或三年後逐年延伸。

4 可以參考當年藝術發展局資助「六大」的經驗。

藝團管治的工具：績效管理系統

《文藝創意產業發展藍圖》提出「引入以表現和藝術水平掛鈎為標準的制度，包括採用績效指標作為評核準則」，這課題十多年前已經開始在本港討論，但我的觀察是未獲得藝術機構廣泛的關注，包括不少專業藝術團體。個人認為設立績效指標是藝團優質管理的重要基礎，因為它是戰略管理的核心手段，確保戰略的有效執行和持續改進，個人認為無論資助機構是否提出要求，藝團都應該設立績效管理系統。

2012 年政府委約的《表演藝術資助機制顧問研究》報告發表，提出主要藝團應該自行建議一些主要表現指標（KPI），「以有效衡量其藝術水平及組織發展的進度」。報告也建議了 KPI 七個面向（節目及節目創新、藝術聲譽、市場及觀眾拓展、財務表現、籌募及贊助成績、人力資源、管治）的可能表現指標，後審批九大撥款的藝術發展諮詢委員會在機制中加入了「綜合表現概覽大綱」。

同年 5 月份藝術行政人員協會和西九文化區管理局合辦的「2012

文化領袖論壇」，也安排了「現行藝術績效評核指標的方法和趨勢」的分組討論議題，香港中樂團行政總監錢敏華分享了中樂團如何訂立和引進表現指標。[1] 香港教育大學其後在 2013 年 3 月舉辦了一個「非營利藝術機構績效評量」的一天工作坊。

主要表現指標 KPI 及績效考評（performance management）在商界及政府被廣泛運用，但部分非營利藝術界人士並不認同這套評核理念，因為他們覺得藝術水平和藝術體驗都是主觀的、無法量化測量。我同意沒有客觀標準去量度藝術水平，不過無數的藝術、音樂、視藝比賽都能產生冠亞季軍，觀眾的反應也可以通過問卷收集，那代表可以建立衡量藝術水平 / 體驗的「機制」。再者 KPI 不單包括量化指標（數據），也包括質化指標（評論、感想等）。最關鍵是每個機構需要因應其獨有的使命宗旨、定位、服務對象、希望達到的目標而設計適合自己的績效管理制度，擬定衡量成績的方法，同時認定在某時期內（年度）需達到的 KPI。

上一節提及國際的趨勢是把資助視為「投資」，注意所產生的「回報」（效果及影響），故此要成功獲得資助，能夠指出「能量度的回報」很重要。回報 / 效果可以有很多面向：藝術水平、藝術創新、藝術感染力（觀眾）、經濟效益、社會效益、健康效益、教育效益等，績效管理和 KPI 使資助機構有監管和交代機制。[2]

無論有沒有接受資助，藝術機構的董事會都需要一個機制來進行公司管治 —— 包括設定目標、監管進度、評核成績，行政總監和藝術總監自然是這個機制的設計師及執行人。先前提及藝術管理人的責任是把「效益最大化」，建立績效管理系統和主要表演指標就可以連結目標與其效果／影響，在規劃階段已經認定活動／項目的預期效益。

績效管理和 KPI 可以分為項目和年度計劃的不同層次，前者只是針對項目認定不同的量化指標（例如觀眾人數、收入、贊助、媒體服導）和質化指標（不同持份者的意見），是項目管理的重要一環。至於整個機構的績效管理，企業一般會採用「平衡計分卡」，通過四個維度來衡量機構成效：財務、顧客、內部流程、學習與成長。不單關注它即時的財務業績和回報，更把直接／間接影響未來財務業績的其他三個維度也作出評估。

其實平衡計分卡與戰略管理密切相關，是戰略執行的工具，它通過把戰略目標轉化成為可操作的績效指標，確保組織有效地執行

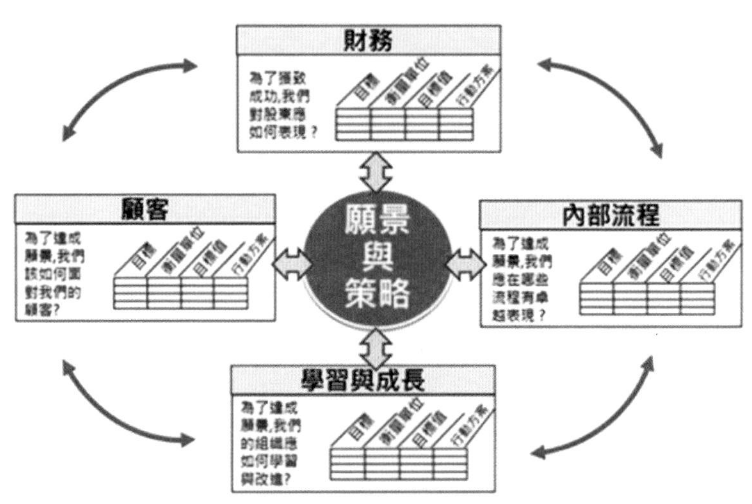

● 根據平衡計分卡制定指標

戰略。現在很多藝術機構都通過戰略規劃制定「三年計劃」（也是申請較大額資助的要求），羅列很多戰略構思，但因為沒有訂立績效指標，戰略與執行脫節，往往良好的構思沒有落實。通過「平衡計分卡」提供清晰的指標和目標，為每一個戰略設計相關目標、指標（如何衡量）和目標值（期望結果），並把戰略目標分解到各個部門和員工，確保組織上下一心，朝着共同的方向努力。

通過「平衡計分卡」可以監管進度，定時評估績效，把實際的績效結果與預定的目標值相對比，成績一目了然，並可提供戰略執行情況的回饋，促使組織及時調整進度或戰略。因此平衡計分卡不僅是績效管理工具，也是戰略管理的核心手段。績效管理制度和 KPI 可以根據機構所選定的戰略來設計，例如藝術機構可以分為藝術、財務、行銷、人才等面向，全面反映機構的戰略。

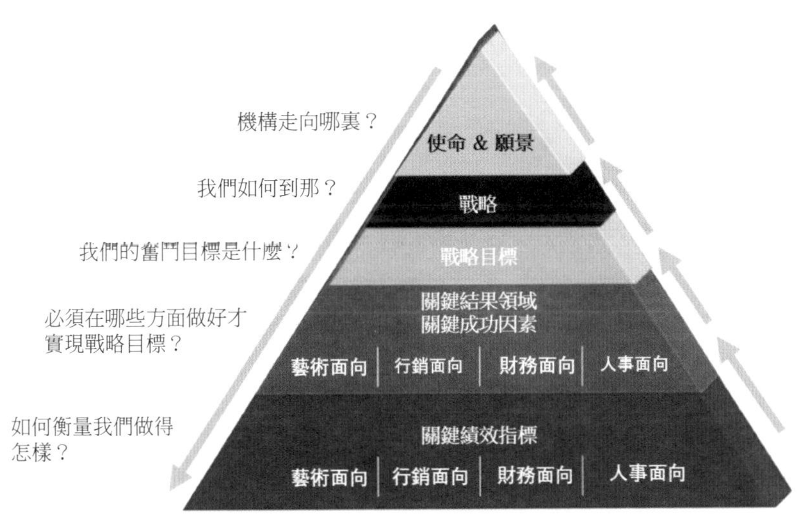

● 結合戰略目標的績效管理系統

重視效果是一種態度、一種文化，非營利藝術活動追求的不是最大市場、最大的收入／利潤或最廣泛的認可，而是最大程度地實現其使命宗旨（Mission），把有限資源的效益最大化，戰略管理和績效管理提供了寶貴的工具。我注意到有些藝術的機構很重視「績效管理」，每次活動後通過問卷和訪問積極收集量化和質化的回饋，其實它們通過問卷設計也在「提醒」觀眾機構和活動的目的，可見這些資料對它們評核和匯報成果很重要。期待將來更多的藝術機構建立績效管理系統、提升管理和治理水平。

註釋

1 鄭新文：〈表演藝術機構的表現指標〉，《文化視野》。香港：進念二十面體出版，2012。

2 通常資助機構會要求獲資助者建議績效考核的標準和指標，但保留更改權利。

生態中不可或缺：中介機構

我重視藝術生態和行業協會跟我在紐約和倫敦留學有關，當時看到英國和美國的藝術機構百花齊放，在美國有不少藝術倡議機構（arts advocacy organizations）和藝術服務機構（arts servicing organizations），發覺這些行業協會／中介機構對藝術生態有很正面的影響。美國的藝術行業競爭激烈，但業界整體上甚為團結，不同藝術形式和不同領域的藝術家和藝管人員組織各種行業的協會，一方面為業界增取權益認同，另一方面為業界提供某些服務。例如百老匯戲劇聯盟、美國交響樂團聯盟、表演藝術節目專業人員協會等。在內地，中國文聯和中國演出行業協會在藝術生態內也擔任關鍵角色。

美國藝術發展委員會（American for the Arts，AFTA）可以說是美國藝術倡議和服務機構的龍頭，它的工作分為四大綱領，分別是倡議、研究、連結及領導，我跟這個機構很有緣份，早年在紐約留學時，暑假申請到這個機構的前身 American Council for the Arts 實習，當時只是到研究和出版部門從事一些簡單文書工作。最難忘的是我道別的那天，機構負責人説我可以隨意取走他們出版的書刊，這十多本書刊成為我藝術管理及文化政策最早期的藏書（當時我仍未正式修讀藝術管理）！2006 年我在上海音樂學院策劃一個觀眾拓展論壇，邀請了 AFTA 當時的總裁羅伯特 • 林奇（Robert Lynch）出席，他對中國業界的發展非常有興趣。

我第一份「社會服務」是 1986 年開始擔任香港藝術行政人員協會（3A 會）的創會董事，1991 到 1994 擔任了三年的主席，之後因為藝發局的工作未有參與。2002-1012 年再擔任董事。直到籌備 2013 文化領袖論壇時，我因為擔任論壇的受薪顧問，所以辭任董事避免利益衝突。

我出任主席時正好碰上政府即將進行「藝術政策檢討」(1993)，

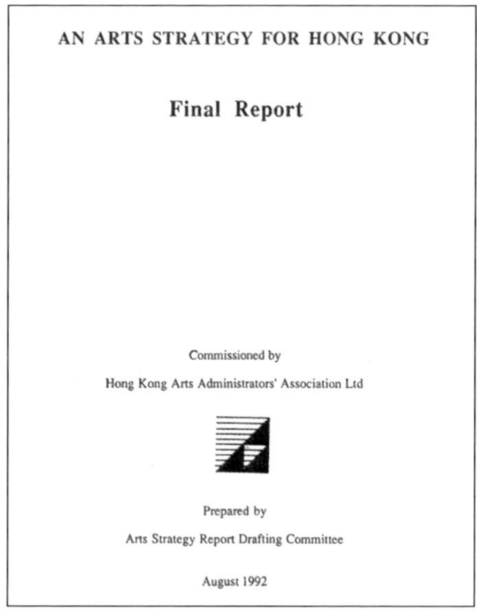
AN ARTS STRATEGY FOR HONG KONG

Final Report

Commissioned by

Hong Kong Arts Administrators' Association Ltd

Prepared by

Arts Strategy Report Drafting Committee

August 1992

我們成立了一個專責委員會起草了「香港的藝術策略」（An Arts Strategy for Hong Kong），提出對未來藝術發展策略的期待，並與其他關注機構合作（文化界聯席會議、進念二十面體），爭取藝術發展局為法定組織、有民間推選的代表和有專業的秘書處。其後 3A 會又為即將成立的藝術發展局建議架構和短期優先工作。幾個關注機構也爭取立法會內加設代表文化界的議席。

自從協會 2010 年獲得藝發局一年資助（現時為三年資助）、有全職員工後，業務大大擴展，每年舉辦大型的文化領袖論壇，不但提供一個本地業界交流學習的平台，也成功吸引不少鄰近城市同行參加。近年積極搭建內地和國際橋樑，鼓勵業界與國際同業更多的交流，也一直組織培訓活動。

一個行業的生態要健康發展，需要有業界人員自發組織「行業協會」類的「中介機構」，它們可以提供專業培訓和交流平台、建立培養人才和鼓勵創新的機制、收集行業相關的數據和進行調研、支持先導計劃、表揚業界傑出成就者、向政府反映業界意見、向社會宣傳行業貢獻等。[1] 同行無疑是競爭者，但也可以是合作者，特別是當大家所競爭的市場這麼小，應該意識到不是一個「零和遊戲」，大家協力把市場做大最後都會受惠。藝發局現時為這些「行業協會」提供固定時期資助是明知之舉。

個人認為現在香港藝術生態內仍缺乏足夠的「中介機構」，很多小型藝術團體因為缺乏組織、營銷和募款能力，資金短缺，無法開發市場，即使藝術上有不錯的視野但無法發展。中型藝術機構也因資金和管理人員的限制，往往無法更上一層樓。雖然類此情況在外地也相當普遍，但往往有一些具創業思維的藝術管理人員創辦一些非營利的中介機構，透過藝術議會或基金會的支持，為藝術家和中小型藝術機構提供專業支援服務，例如營銷、觀眾擴展、經紀代理等。

很高興政府最近公佈的《文化創意產業發展藍圖》指出會在大灣區建立一站式服務中心、支援業界。個人認為香港應該研究成立以下兩類中介機構的意義和可行性。

一、專責觀眾擴展的中介機構。先前第四節提到觀眾增長數目追不上藝術專案的增加，觀眾擴展不能單靠各個藝術機構單打獨鬥，因為個別藝術機構資源（無論是財政和人力資源）都有限，需要整個界別合作。海外的經驗很清楚見到由「中介機構」提供營銷和觀眾擴展方面的服務有成效[2]，例如進行大規模的市場調研和分析、聯合開發新觀眾、分享最佳典範和培訓業界、為中小型藝術團體提供諮詢服務等工作，建議研究海外經驗是否可以借鑒。

二、海外推廣香港藝術家的中介機構。香港的藝術家藝術團體在海外知名度有限，所以不容易開發海外市場。雖然最近內地與香港政府都推出了相應的政策和措施，協助香港藝術家「走出去」，官方的介入打開了很多門，但是只有世界各地的主辦方真正認同香港藝術家的能力水平，將邀請香港藝術家作為一種「市場常態行為」，香港的藝術家才真正建立了海外市場。因此我們需要一個「民間」的中介機構，擔任香港藝術家的代理，長期向內地和世界各地的藝術機構「推銷」香港藝術家，為他們安排巡演和展覽。從事這個工作三五年內不可能達到「收支平衡」，需要得到政府的資助才可以生存，個人認為這方面的投資可支援香港成為中外文化交流中心的發展目標。

希望業界關注中介機構在香港的藝術生態可以作出的貢獻，也希望不同的行業協會能發展更廣闊的視野，在為某一個藝術形式或領域提供服務的基礎上，更加關注整個文化生態和政策的發展，那香港的文化藝術事業自能更上一層樓。

● 2013 年替香港藝術行政人員協會統籌此論壇

註釋

1 大部分這些服務以上提到的百老匯戲劇聯盟、美國交響樂團聯盟、表演藝術節目專業人員主辦人協會都有提供。

2 例如英國有 The Audience Agency 及 Arts Marketing Association。

影響半個世紀的文化政策和藝術傳播評論

因為要撰寫這本書，促使我比較系統地寫下我對香港文化生態和政策的看法。從前我一直因為潛在的角色衝突（有參與政府的委員會），而很少作公開分享，但談到香港文化生態和政策的評論，就一定要提及前輩周凡夫先生[1]，他在這方面的評論早年引起我對生態和政策的興趣，其後影響了我多份工作，周先生 2021 年 7 月仙遊是藝術界重大損失。

過去半世紀（1970 年代至 2010 年代）參與節目策劃、藝術營銷和場地管理的業界應該無人不認識周凡夫先生，他是「全才」的藝術評論人，不單撰寫各種表演藝術活動和文化政策的評論，也兼任編輯、採訪人、電台節目主持人，他的評論獨樹一幟，不但關注藝術層面，也關注活動的背景、組織（場刊）、傳播（活動效益、藝術家名字中文翻譯）等問題，視野很寬。他的「藝術傳播式」評論自成一家，長期評論某些大型的活動，例如每年的香港藝術節成效，香港管弦樂團的樂季安排等，他的評論既全面又觀察入微、對這些機構有如成績表，我記得有一年這份成績表（藝術節）很長，報章要分開三天刊登，他的「藝術傳播式」評論對藝術和行政主管人很有鞭策的作用。

周先生是極少數長期關心香港文化生態和政策的評論人，這方面的文章資料豐富全面，分析客觀公正，觀點精闢獨到，最難能可貴是不少資料來自親身訪問該課題主要持份者（例如政策制定者），建基於周先生與對方長期建立的互信關係，是珍貴的第一手資料。個人認為這些與文化政策、文化生態和藝術傳播有關的文章，幾十年後今天閱讀仍有參考價值，對文化政策制定者和研究者尤其具啓發性。

幾年前我重溫了他的部分著作和文章（包括少部分先前錯過的），仿如在香港演藝歷史（1970 年代 至 2021 年）的時光隧道中「深度遊」，感慨良多。在這裏特別推薦周先生其中兩本已經絕版的著作（可在圖書館借閱）。第一本是 1998 年出版的《香港文化藝術評論集》。[2] 正如劉靖之教授在代序指出，此文集實際可稱為《香港文化藝術政策評論集》，收集從 1982 年至 1996 年間作者的 70 篇文章，其中 33 篇屬藝術政策範圍。他也指出此書出版於回歸的港人治港年代，有助回顧過去，作為未來發展參考。劉教授認為「像周凡夫這麼專注、長期、觸及要害地廣泛論述香港文藝政策與措施的，恐怕別無他人」。

周先生指出原選出 30 萬字，其後因經費問題，再挑 10 多萬字出版。選錄的文章涉及整個文化藝術生態幾乎所有的範疇：論述文化藝術對社會的重要性、精緻文化與流行文化、爭取文化政策、政策制定、議員相關知識、官員視野、藝發局選舉、文化藝術教育、傳媒支持、資助政策、文化場地租金和管理、節目票價、售票系統、文化藝術商品化等，反映他對每一個範疇的關注。在政府投入大量資源發展藝術、但缺乏公開的政策研究和有限業界關注討論的年代，周生的評論發揮了重要的警醒作用。

收錄的文章清楚分析 1997 前的香港官辦文化，對港英政府「沒有政策的文化政策」作出批評，以「不干預的高明干預」形容 1981 年行政局制定的文化藝術政策綱領，只集中發揮表演藝術較為表面的娛樂效應。並把有關市政局、區域市政局、演藝發展局和藝術發展局的評論文章歸類。這些都是文化政策研究者的「必讀資料」。

周先生在相當多的文章後也加上了他選取文章時的感受，例如選錄 1987 年在《突破》發表的〈座位多了，但觀眾何來？——香港演藝界當前急務〉，他在文章後寫：「今日（1998）問題答案依舊，答案又如何呢？各位假如有機會閱讀這篇文章，也正好反思數十年來有什麼變化？老問題解決了嗎？」

另一本同年出版的著作《音樂香港評論集》[3]（1998），則選出 1970 年代至 1997 回歸前部分音樂評論文章共三十萬字的結集，他把所選取的文章的分類為「香港音樂舞台剖面、後面、側面、下面、上面」，清楚顯示他的評論是多角度、全面向的觀察分析。其中少部分內容也涉及文化政策。例如 1982 年發表〈香港邁向亞洲音樂中心的障礙〉的文章指出：「一個城市的文化，必須要作為百年大計來建設，整個社會都作出相應配合，追求質素的提升，才是正確的發展道路。」還有，「音樂活動的多寡，只是其中反映的一個表象，最重

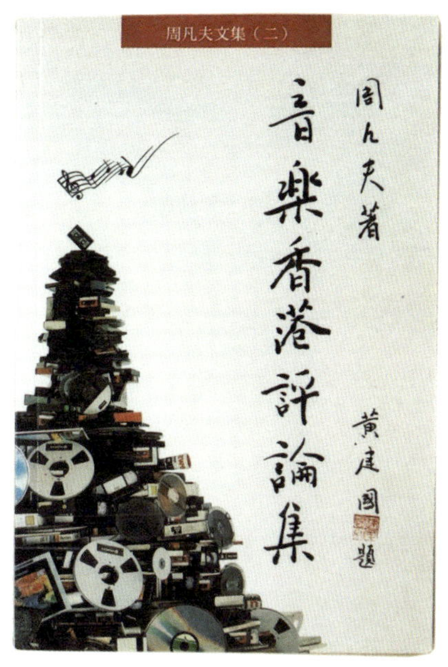

● 周凡夫先生的《文化政策評論集》和《香港音樂評論集》

要是反映在社會的音樂風氣、市民、傳媒對音樂的反應，執政者對音樂所持的態度和立場。很可惜，數十年來無論政府、撥款機構、演出團體都在狂熱追求製作 / 演出的數目。」

周先生在保育香港音樂及文化發展歷史方面有巨大貢獻。業界朋友都知道周先生前是這方面的 Google，他家中的檔案庫全港獨一無二，有數次我要麻煩他在檔案庫裏幫我找出一些幾十年前我負責策劃項目的刊物，他去世後其檔案庫由中央圖書館全數收集，我相信將來這些珍貴資料能夠公開讓大眾閱讀參考。無論是香港大會堂、香港管弦樂團、香港中樂團、香港電台第四台，他都為這些機構編寫了它們的五十周年或三十周年紀念書籍[4]，為後人留下鮮活的紀錄和分析。他還編寫了傅聰和費明儀兩位樂壇前輩的專著。

在敬佩周先生成就的同時，身為我的良師益友、非常懷念他的專業態度及廣結人緣，他堅持個人理想、以「光明正大」和關注文化生態的手法撰寫藝評、工作嚴謹考究、視野廣闊加上分析精闢，不斷與時代並進、熱心扶翼後進、待人真誠熱情、公私分明等永遠是我學習的榜樣。

註釋

1 周先生其實他只比我年長六年，但他早「出道」，我高中時已經閱讀他在星島晚報發表的評論文章，對於豐富的內容和作者視野留下很深刻印象。

2 周凡夫：《香港文化藝術評論集》，香港：科華圖書出版公司，1998。

3 周凡夫：《音樂香港評論集》，香港：科華圖書出版公司，1998。

4 周先生的遺作是為紀念香港藝術節五十周年書籍《風采五十：香港藝術節薈藝國際》撰寫的特稿〈放眼世界！更要立足本土〉，2022 年出版。

他山之石：文化政策文件

筆者一直注意各地的文化政策文件，因為了解它們對文化生態的重要影響，近年比較欣賞英國、新加坡和內地的上海地區在這方面的最新發展，可在此撮要分享一下。

英國

選取英國為例因為筆者曾經在那裏修讀藝術管理，數十年來仍有留意其發展，英國的藝術文化政策也影響不少英聯邦國家。對我來說，英國的藝術文化政策一大特色是其不斷更新（政黨更替是原因之一），往往因應新時代作出變革性改變，導致業界也建立「自強不息」的文化。例如上世紀末英國開始致力發展創意產業，推出具體措施發揮藝術的經濟價值，成績斐然。它們也極重視文化藝術帶來的「軟實力」，在全球宣傳英國的文化遺產及文化。

2016 年政府推出《文化白皮書》（*Culture White Paper*），其中凸出文化藝術可以多方面為社會增值，包括發揮教育功能、促進社區共融等，書中也提出要提升少數族裔和弱勢社群的文化參與。

2018 年政府又推出「文化是數碼」政策文件（*Culture is Digital*），倡議文化與科技的融合，推動數碼創新——以科技帶動文化藝術的參與和發展，同時提升文化機構運用科技及大數據能力。

2020 年英國藝術議會發表其十年計劃 2020–2030「讓我們創作」（Let's Create），提出三個策略目標：提升創意、建立文化社區，以及打造多元及具適應力的業界。

2023 年公佈的「創意產業界願景」，公佈至 2030 年的發展計劃，目標是 2030 年業界多一百萬個職位及達到全球領先地位。

從這幾個政策文件可見英國政府重視發揮文化藝術在不同方面的影響力。有些主題貫穿不同文件，例如「多元共融」（無論在工作地點或文化參與）及「鼓勵倫敦以外地區有更大發展」。

上海

上海自然是我關心的城市，近年文化藝術發展十分迅速，政府積極推動，2017 年訂立「亞洲演藝之都」的目標，11 個部門聯合推出「演藝產業發展策略」，針對產業鏈及生態環境制定多方面的發展策略。

每次到上海印象最深刻的是文化藝術場地不斷增加，愈來愈多區政府建設美侖美奐的演藝場地。「發展策略」鼓勵社會資本參與劇場建設、運營管理及票務營銷運作，香港的發展商信德和太古在上海分別開發了「前灘 31」演藝中心及「張園」文化商業綜合社區。政府也重點推進演藝集聚區建設，包括環人民廣場演藝活力區及黃浦江沿岸劇場帶等。另一個策略是擴展中小劇場及特色演藝空間，在新冠疫情期間，這些「演藝新空間」竟然逆流而上，現時已發展至超過一百間，帶來大量沉浸式演出，吸引很多年青觀眾，成為上海一個特色。

此外，具前瞻性的大策略還有「做大做強產業主體」，壯大演藝機構（包括國有院團及民營演藝機構）的實力和競爭力，提升院團在長三角乃至全國的輻射能力。在培育專業服務機構方面，致力加快國際知名演藝經紀機構、教育培訓機構落戶上海。此外支持劇場院線聯盟建設，希望「建設 2–3 個由上海劇場主導、輻射全國的劇場院線品牌、探索形成一地駐演與全國巡演相結合的模式」。其實上海大劇院藝術中心及上海話劇藝術中心已經營運多個劇場，而這些下屬劇院享有一定的自主管理空間。

文件也指出，要吸引全球高層次人才，同時也要鼓勵當地高校和國際知名院校通過各種方法培養人才。惟因篇幅所限，筆者無法介紹有關鼓勵產業創新和營造產業發展環境的相關策略。

相信讀者能體會上海「全方位」和具體的發展策略。

新加坡

從政府對當地文化及藝術的支持歷史來說，新加坡起步應該較香港晚，並且有審查制度，1991 年才成立國家藝術基金會 NAC（集香港康文署和藝發局的不少功能），「文藝復興城市報告」和相關文化發展策略則在 2000 年代開展，專門的藝術場地濱海藝術中心 2002 年落成。

新加坡政府於不同時期出版了不少文化政策文件，相當清楚地交代了它們的發展願景、策略和路線圖等，有理有據，所以我的文化政策課很喜歡用新加坡作為案例。我也欣賞它們自從 1980 年代即開始 Art Housing Scheme，把老房子廉價租與藝術機構使用，NAC 每年都收集（並公佈）新城藝術活動數目、觀眾人數、國民參與文化活動的頻率、國民對文化活動態度等相關數據，並以此作為衡量成績的指標。這種重視證據（evidence-based）的管理方式值得借鑑。

NAC 2023 年發佈的《藝術計劃 2023–2027》以「藝術為所有人，藝術屬於所有人」（Arts for All, Arts with Everyone）為核心精神，圍繞四大核心支柱展開，強調包容性、創新力和可持續發展。四大核心戰略方向包括支持藝術工作者與提升專業能力、促進社區參與與文化包容、推動藝術創新與數位化轉型、強化新加坡藝術的全球影響力。

我特別欣賞這份文件其中兩點，一是特別強調跨部門協作，包括與教育部合作推動學校藝術課程改革、與企業合作探索藝術贊助新模式，以及聯合旅遊局打造文化地標。二是有很清晰的預期成果，到了 2027 年，NAC 期望達成以下目標：

- 將藝術從業者收入中位數提高 20%，縮小與其他行業的差距。
- 每年吸引超過 80% 的新加坡人參與至少一項藝術活動。
- 推動新加坡成為東南亞數位藝術創新中心，並躋身全球十大藝術節慶目的地。

新加坡政府一直將文化視為社會凝聚力的催化劑，因此很重視觀眾拓展工作。此文件不僅聚焦藝術生態的可持續發展，更通過賦能個體、啟動社區與連結全球。

各地文化、社會背景的不同，異地的策略未必適合仿效，只能作為參考，不過我相信這些文件能帶來一些啓發。

「文化管理人挑戰」之餐單和低碳版

2016 年 3 月 28 日，我應香港中文大學文化管理碩士校友會邀請，在中大和聲書院舉行的晚宴做了一個 20 分鐘的分享，題目是「未來本港文化管理人員面對的挑戰」。九年後很有興趣跟大家一起重溫當年的「預言」，看看有多大變化。

感謝呂志剛主席和中大文化管理校友會邀請，給我機會重溫「那些年」任教的愉快日子。我今晚分享的題目是「未來本港文化管理人員面對的挑戰」，我分開三個部分介紹：

一、首先看看本港的文化生態環境可能有什麼轉變？
二、接着看作為文化管理者在個人層面如何面對這些挑戰？
三、最後看看在文化管理整體業界的層面如何面對？

這個題目這麼嚴肅，我很擔心會影響大家的食慾。所以我打算結合大家比較有興趣的餐單，三個部分分別為前菜、主菜及甜品。首先分析香港文化生態環境的未來發展趨勢？我認為前菜有八個：

一、商業贊助及捐助更受到重視，政府鼓勵私人參與。政府已公佈成立配對基金，雖然沒有細節。相信無論我們贊同與否，這是一個發展趨勢。可以預見有更多私人參與，更多商業性質的藝術活動。

二、期待了很久、未來五六年內將會有多個文化場地，包括舊中央警署、西九、東九等場地落成，帶來更多的職位。

三、這些新場地將帶來不同的場地管理模式，部分場地估計會有藝術總監，節目更主導，與藝術家的合作相信也更主動。

四、更多戶外活動及靈活形式活動出現，例如自由野、草民音樂節。

五、有更多空間給中介發展，例如節目製作人、經紀、主辦單位、藝術公關機構等，他們的重要性將增加。

六、更多公眾社會人士關注、參與文化藝術活動，無論是正面或負面的報道。如手作市集、街頭表演等。

七、香港與鄰近地區包括內地的文化交流、合作更為緊密。例如巡迴演出、聯合製作、跨境的駐場藝團等，相信未來也會有更多文化旅遊。

八、更多海外與內地的藝術家和文化管理人員會前來本港發展，一方面是回應市場的需求，另一方面受到藝術自由氛圍的吸引。

所以整體競爭會愈來愈大，無論是市場、資金及人才方面，競爭對手不限於本地的、也有來自其他地區的「過江龍」。

當然這些競爭同時也是機遇，帶來更多機會、更多平台給有能力的人才。

在這背景下，藝管人個人層面如何面對挑戰？這是我建議的 7 道主菜：

一、發揮創業精神 entrepreneurship、積極創新，開發新活動、新觀眾、新營運模式。

二、提升融資能力，尋找更多贊助、資助、捐助的不同收入來源。

三、提高市場營銷和觀眾拓展能力，增加票房和服務收入。

四、把有限資源的效果最大化，把單一活動加入更多深化、教育、外展、展示等不同層面，帶來更多和更大的影響，這也是作為藝管人員最核心能力。

五、更主動拓展網絡、尋找合作伙伴，開展跨界別、跨領域合作。但不是一相情願，需找到互惠互利的合作點。

六、更具前瞻眼光和國際視野，懂得審時度勢、包握機會，例如嘗試把國際競爭者化為合作伙伴。

七、更主動向各持份者交代。理解來自政府、贊助者、觀眾的支持並非必然的。

到甜品部分，那文化管理業界整體的層面如何面對未來？

先前寫了一個博客，提出本地需要更多的文化中介機構，包括從事藝術倡議（arts advocacy）及提供藝術服務（arts servicing）機構，為業界提供服務。業界不能只單打獨鬥，需要有集體的聲音，需要更團結向外界推廣，整個文化生態才會更好。

好像還缺少了一些必需的東西？我們沒有提到飲品。文化政策大概是飲品吧。

我們雖然投入不少資源，文化委員會也給了我們一些發展大原則，但沒有清晰的發展藍圖。何慶基教授和我不同年代參與 ADC 的工作，那時我們有五年和三年計劃，其後沒有了。反觀鄰近地區大力發展文化，有清晰的方向和藍圖，走得很快。我們杯茶缺少茶葉！

感謝各位今天晚上聆聽我的模擬餐單，更感謝在座一些朋友從前擔任我的試菜對象，包括上我週六的下午連續五小時課而不打瞌睡。

九年後（2005）發覺八個預料趨勢（前菜）有五個（1，2，3，4，6）發生了，雖然東九龍文化中心還在試運行階段。第五項中介機構只有很少的進度，不過，《發展藍圖》其中一項措施是在大灣區建立一站式服務中心，支援業界，跟餐單的甜品（藝術服務機構）不謀而合；第 7 點與鄰近地區的文化交流不幸受到新冠的影響，但最近發展迅速；至於第 8 點更多內地和海外的藝術家和文化管理人員會來香港發展，前者（藝術家如譚盾和牛牛）已經發生，後者（文化管理人）相信還要一點時間。餐單提到沒有飲品（文化政策），《發展藍圖》已剛剛面世。

那有什麼重要的發展我當時沒有預料到？大灣區的迅速發展、香港成為中外文化交流中心的定位、表演藝術博覽的舉行、文體旅局的成立、發展藍圖的出版、藝術科技的發展。除了新冠之外，其他的都是令人鼓舞的發展。

近年全球受到氣候變化的威脅，推崇可持續發展和低碳生活，加上前述的新發展，餐單相信也應該更新為低碳版，那應該修訂什麼呢？

我傾向保留前菜（趨勢）、只對主菜（如何面對）、甜品（行業整體發展）和飲品（文化政策）作一點修正。建議「如何面對」第 4 點把有限資源效果最大化，加上致力開發大灣區市場；「如何面對」第 6 點專門針對發展中外文化交流中心，開發合適的節目（包括 IP）、加强作為「聯繫人」的角色。「如何面對」第 7 點修訂為更主動在社會倡議藝術和相關文化政策。

「甜品」（行業整體發展）也要減糖，鼓勵更多社會資源參與和改善行業生態，可有助可持續發展。飲品除了「文化交流啤酒」（發展藍圖），希望未來更多元，提供「荔枝窩咖啡」（場地政策）。

我是一個超級樂觀派，對業界發展的不少期待往往都需要一段頗長時間才能實現。作為培訓人，前瞻視野是食材啊！

新時代新機遇

世界瞬息萬變，科技日新月異，不同年代的藝管人面對不同的挑戰，也迎來不同的機遇。我經歷從實體票轉為「電腦售票系統」，其後變為網上購票；市場推廣從信件擴展至電郵、CRM、社交媒體、數碼營銷。近年已逐步退出藝管江湖，探索大世界，不過退休人士看到近年大環境的改變，包括新機遇的出現，就好像幼童看見兄長的新玩具一樣，躍躍欲試（但年齡未達），只能幻想這些新玩具帶來什麼新體驗！

（1）大灣區和內地市場的開展

一直以來我們的藝術發展都受到本港市場局限，這不單嚴重影響收入（票房及出場費），在藝術上也令演出水平和新作品難以精益求精。自從近年康文署和藝發局積極支持香港藝團到內地演出／巡演，受惠藝團不單多了演出費，節目有機會巡迴演出也令藝術上得到提升。不過現時大灣區及內地市場對香港藝術家／藝團認知度仍不高，不少表演機會有賴香港政府資助，長遠需要主辦方承受真實開支才可持續。筆者慶幸近年有香港話劇團及「大狀王」等製作成功在內地建立「品牌」的先例，其他藝團可以得到啓發。

要開發新市場當然需要理解當地觀眾的需要，往往要為新市場開發新的節目，最理想當然是兩地藝術家／院團合作，筆者高興近年已經看到這方面的嘗試，雖然兩地不同作業方式的從業員要互相適應，過程艱苦，但我相信珍貴的學習最後會帶來豐盛的成果。開發大灣區及鄰近地區的觀眾不單是將藝團「走出去」，同時也要吸引觀眾「走進來」，這也配合香港「文化旅遊」的發展，香港其實有不少具特色的藝術活動對內地藝術愛好者都具有吸引力，近年香港藝術節和九大的重點節目已經吸引不少大灣區觀眾，挑戰是安排針對性的宣傳推廣、提供購票交通住宿等方便，個人認為這方面中介機構能發揮很大作用。

開發大灣區及內地市場前景樂觀，但推動機構及參與機構都需要制定比較長期的策略，才能成功建立品牌和開發市場。

(2) 聯通大灣區資源、邁向中外文化交流中心多贏局面

過往大部份本地活動倚賴政府支持，極少藝術活動能以商業形式營運，但政府資源有限，特別是本港文化場地滿足不了需求，故此近年在本港看到的國際演出越來越少；同一時間鄰近地區（深圳、珠海、澳門）更多文化場地落成，市場也在穩步發展，它們很願意主辦有市場吸引力的國際名家名團的演出。本港的一些藝術愛好者也開始到鄰近地區看這些國際名星的演出（假如這些藝術家不來港

演出），一方面這是「一小時生活圈」發展的自然現象，觀眾有更多選擇，但同時對香港致力成為「中外文化交流中心」也是一個挑戰。

未來香港的文化發展是受到整個大灣區的生態所影響，因此我們的文化發展藍圖必須具備大灣區整體視野，我們如何與大灣區其他城市協調、互補、合作、良性競爭，是否可以聯通大灣區資源、邁向中外文化交流中心多贏局面？這是我們需要深度思考的課題，包括審視本港在硬件軟件方面如何充分利用一國兩制的優勢、邁向中外文化交流中心的目標，在發展策略上須作出什麼改變？例如先前提到的文化場地政策、場地使用優次、文化消費的提升、對藝術、社會和經濟效益的多維度關注，如何在國際化的同時開拓市場和增加收入？吸引企業／社會投資文化藝術的具體措施等？我們沒有因循的條件，必須因應新環境、新挑戰而開展新視野、新策略。

(3) 通過網上演出／影片擴展觀眾

新冠疫情結束後，藝術從業員和藝術愛好者的注意力都回到劇院和現場演出，網上演出／活動仍然存在，不過觀眾願意付費的不多，只限於世界頂級的藝術家／藝團的演出和一些藝術培訓活動。一般的藝術機構也不可能長期承擔正規網上演出帶來的額外費用。不過我相信疫情導致的行為的轉變——無論藝術家還是觀眾都看到線上節目的價值（和局限），有遠見的藝術機構相信不會完全放棄線上節目，只會清晰界定那種形式能替藝團或其現場演出增值。個人相信未來的藝術活動會現場及線上雙線發展，線上節目及影片在吸引新觀眾方面可以擔任重要角色。

(4) 以大數據及 AI 協助觀眾擴展

我一直認為觀眾拓展不能單打獨鬥，需要整個業界共同努力，英國過去十多年在這方面的工作值得我們借鑑。它們在 2008 年進行了一個大型的國民文化藝術參與調查，藝術觀眾洞察力報告（Arts Audience Insight）把國民按他們的藝術參與和態度分為 13 個區隔（segment），並建議藝術機構如何接觸他們。英國藝術議會十分重視藝術拓展和藝團運用數碼的能力，也資助一些中介機構如 The Audience Agency 協助藝團提升這方面的能力，藝團在這些方面的表現會影響它們的資助。

很高興見到今天的藝術營銷及觀眾擴展愈來愈依循證據（cvidence-based），使用數碼營銷時可嘗試不同策略提升成效。觀眾拓展需解決幾個關鍵問題：如何為不同背景的潛在觀眾提供適合的產品、吸引他們嘗試並觀察反應、從而制訂鼓勵不同個體深度參與的途徑、並全程跟蹤成效？現時社交媒體、大數據及 AI 能提供給我們非常有用的數據和分析，協助我們不斷完善相關的策略，近年已經有很多成功的案例，假如從行業層面推動，相信這方面的發展會非常快。

(5) 通過 AI 大數據理解和深化藝術體驗及其影響

許多研究報告指出，參加藝術活動的「體驗」因人而異，包括審美、愉悅、情感依附、智力刺激、社群聯繫等，而這些體驗會為參與者帶來不同的影響，例如歡樂、心靈安靜、知識或創意提升等。不同的藝術活動自然會帶給觀眾不一樣的體驗和影響，藝術營銷人員一直關注不同活動帶來的體驗，因為他們需要估計觀眾的體驗來設計活動的「賣點」，很多機構也安排藝術家見面會、講座、活動後的彙報等，在知識和情感依附方面裝備觀眾，使他們從活動中獲得最大的滿足感，這些安排是根據藝術營銷人員的經驗和判斷作出。

假如我們通過大數據和 AI 等科學地收集和分析不同觀眾的觀賞體驗和反應，那我們就能更好地連結「期望」——「體驗」——「影響」過程，包括調整「觀眾期望」、深化「觀賞體驗」，提升「活動影響」。同時，了解活動的實際影響也有助評估活動達到目標的程度。我建議藝術營銷人員與心理學家及教育專家合作，深入地研究分析這個過程，那對觀眾、藝術營銷人員、資助者都會受惠。

不少觀眾反映他們從藝術體驗中獲得「智性刺激」（intellectual stimulation），假如能夠提升獲得「智性刺激」觀眾的比例，表示藝術活動的教育功能得以彰顯。這方面我覺得可以向教育專業借鏡，根據不同藝術活動的性質（音樂會的作品、舞蹈或戲劇的主題、發人深省的見解）來設計「預期學習成果」，可能是對某課題的深層了解或情感依附、也可能是帶走需要思索的問題。關鍵是要令觀眾帶着個人獲得的「智性紀念品」（intellectual souvenir）離開劇院（除了在大背景前拍照和購買紀念品外），深化他的參與度和延長對活動的記憶。達到這個效果的話相信會提高他們未來參與的動力，藝術活動可以成為他們終身教育的重要環節。不同背景的觀眾相信會帶走不同的「智性紀念品」，假如能通過大數據和 AI 有所了解，就可以更科學地設計「預期學習成果」和促進手段，强化「期望」——「體驗」——「影響」過程。

下編

藝術管理培訓人遊走內地與香港

人生 Take Two

離開了 ADC 之後，我獲得亞洲文化協會的獎學金，到美國考察藝術管理三個月。2001 年 911 恐襲事件發生時，我剛好在紐約考察，這次難忘的經歷加深了我對災難和人性的認知。雖然這事件並沒有直接影響我的計劃，但時間上恰好是我人生第一和第二階段的分水嶺。

2001 年底從美國回來之後，我開始了人生第二個主要身份：藝術管理培訓人。其實我先前已經有十多年授課的經驗，不過只是「兼任」性質。[1] 這些教學經驗讓我知道自己有不錯的分享和培訓能力，而二十多年的藝術管理前線工作，讓我積累了豐富的教學「內容」。我對不同級別的藝術管理人員應該具備的知識和能力，有很具體的看法，我希望能夠「轉型」培養更多有能力的藝術管理人才。

到了人生第二階段，我很清楚自己選擇的優先次序，最重要是嘗試落實自己的夢想（藝術管理培訓），盡可能不要超時工作。至於崗位的職稱、薪酬、權力、認受性、影響等，對我來說是次要的考慮，因為我覺得這方面在第一階段已經對自己有所交代。因此，即使當時本港的大學尚未設有全職藝術管理的教職，我仍然願意做「先行者」；不過也為自己擬定了清晰的底線，包括每年收入的最低目標等。在第二階段的我，持着「半退休斜槓」的心態，「漫步」藝術管理江湖，先後走過五段路程，在香港的三段都不屬於全職性質，雖然自己投入接近全職的時間。

第一程：「自由身」老師和課程設計（2002-2003）

2002 年，我決定轉型從事藝術管理培訓時，在香港藝術中心總幹事茹國烈的邀請下，為香港藝術學院設計和開辦了一個藝一年兼讀藝術管理專業文憑課程 PCAM，它主要針對香港在職的藝術管理人員，其設計體現了我的一些培訓理念（在下節分享）。同年，香港中文大學剛好開設一個「文化管理」的文學碩士課程，它最初是兼讀性質，我也是課程的顧問和授課老師之一，而當時課程的所有老師都是兼任的。教學以外，我也兼任一些顧問的工作，開始了我的「自由身」（現在稱為斜槓）生活。

首兩年的 PCAM 課程很受歡迎，ADC 和康文署也提供了獎學金，讓員工／資助者報讀。第一年的課程，由於報名非常踴躍，結果要分兩班上課。當時也有澳門的年青業界人士參加，學生背景多元，兩年一共培訓了 80 多名學生。兩年的課程在財務上均有盈餘，學生的歸屬感也很強。然而在第三年招生時，就發覺難於維持 3／4 學員是從業員的比例，這大概是因為不少有興趣修讀的業界人士已完成課程。由於我不願意改變課程針對在職業界人士的初衷，所以跟藝術學院達成了停辦的協議。與此同時，我也計劃另覓全職工作。這次設計和辦理課程的經驗，讓我確切體會到「探索」需要承受的風險。

第二程：汕頭大學的行政總監（2004-2005）

2004 年初，接到朋友榮念曾和胡恩威的推介，到汕頭大學出任長江藝術和設計學院的行政總監，協助藝術和設計學院新院長、知名設計師靳棣強先生，落實他的各項改革，就此開始了我在內地的五年工作。到任後大約半年，我再獲當時汕頭大學副校長蕭澤麗女士的邀請，出任汕頭大學的行政總監。這是我第一次從事教育行政的工作，從前我對大學的行政工作並不熟悉，特別是內地的制度和工作文化，但我很快發現自己的藝術管理經驗十分管用。高層管理工作最重要講原則、目標、制度、公平公正，監控考評、尊重信任等，這些也是我一直奉行的專業態度和管理方式。我在處事和推動改革時，堅持這些原則，與各方的合作相當愉快！

此外，因為李嘉誠基金會在硬件和軟件上的支援，汕頭大學可以在短期間有跳躍式的發展，在汕大兩年我目睹學生在英語、國際視野、體藝活動方面，均有顯著的提升，令人非常鼓舞！與此同時，我也學習和逐漸掌握「國情」和內地的工作方法。

第三程：領導上海音樂學院藝術管理系（2006-2008）

2005 年，在上海好朋友的推薦下，我轉到上海音樂學院擔任藝術管理系的系主任、學科帶頭人、教授，正式出任全職的藝術管理老師。最令我感動的是：學生的優秀素質、強烈的上進心；上海跳躍式的發展和勇於創新的態度。除了為學生授課外，我為本科（即大學學士課程）的藝術管理制定了課程框架，並建立「藝管實務課」的理念和細緻要求（其後此課程被評為上海精品課程），當時倡議制定的「系訓」一直沿用至今。同時在極短的籌備時間下，創辦藝術管理的研究生進修班，成功吸引來自兩岸四地（包括港澳台和新加坡）的藝術管理業界人士報讀。短短三年間，我和團隊為上音的藝術管理系建立了一個獨特的格局。

這幾年的工作量雖然大，但滿足感也很大，能夠親身體驗內地的高速發展和國情，可以說大大擴寬了我的視野和人際網路，自己十分感恩！

2008 年完成了上音的第一個合約，考慮到高齡的雙親（接近八十歲）需要照顧，我決定回港工作。

第四程：快樂的斜槓生活（2009-2011）

香港和上海兩地的教學經驗，讓我很清楚自己的個人定位，也樂於繼續擔任藝術管理培訓人。因為西九龍文化區的發展，導致更多香港年青人對藝術管理產生興趣，也帶動更多的大學開辦藝術管理課程。接着幾年我在香港中文大學、香港大學專業進修學院、香港演藝學院任教藝術管理課程。同時每隔幾個月，我會安排幾天到上海音樂學院、北京的長江商學院替研究生上課，以及到汕頭大學替藝術教育中心擔任顧問工作和上課，過着很多姿多彩的「斜槓」生活。這段日子我沒有行政任務，接觸的學生最多，也能夠親身觀察幾個城市的發展，可以說是我最快樂的日子。

這段時間我的學生最多，本地的學生有不少是康文署的文化經理／助理經理，還有來自藝術發展局、九大藝團和中小院團的行政人員，也有其他行業和「新鮮人」。內地來港進修的大多是著名大學的應屆畢業生，十多年後的今天，大部分已成為藝術機構的中堅份子，包括助理署長、行政總監、節目總監、高級經理、部門主管，或創立了自己的事業，我很高興與不少學生還保持聯繫。

第五程：在教大創辦 EMA 課程（2012-2017）

好景不長！我的母親在 2010 年嚴重中風，需要照顧，我逐漸終止在內地的講學工作。那時剛好香港教育大學（當時仍然是「學院」）的文化與創意藝術系系主任梁慕信教授有興趣開辦藝術管理碩士課程，我們討論後認為：針對有藝術管理經驗的從業員而設之課程，應該有需求，所以決定籌辦藝術管理和文化企業行政人員文學碩士課程 Executive Master of Arts in Arts Management and Entrepreneurship（EMA），並找到倫敦大學的金匠學院（Goldsmith College）作為合作伙伴。考慮到自己的家庭負擔，我從 2012 年開始以兼任／客席教授（Adjunct Professor）身份設計和統籌這個課程。

這個課程的特色容後分享。我在香港教育大學服務的五年多，其實有接近一半時間花在課程評審的工作上，在缺乏天時地利人和下，令 EMA 的營運一波三折 —— 我加入的兩年內，支持開創這個課程的校長、系主任和院長先後離任，因為無法達到收資平衡，課程只是維持了三年。但是這個課程完全落實了我的培訓理想 ——

「匯聚大中華地區有經驗的藝術管理業界人士共同學習，達到最大的效益」，即使不能持續我也覺得無憾！

2017 年，我已經超過六十歲，覺得自己擔任藝術管理培訓人的第二階段心願已經完成了，是合適的時候停止教學，探索個人的其他興趣，於是離開教大。

註釋

1 1982 年我應香港音樂學院顧問院長紀大偉教授（也是中大音樂系系主任）邀請在香港音樂學院兼職教授音樂歷史，其後在 1988 年替香港藝術行政人員協會統籌第一個短期培訓課程，1991 年美國藝術管理教授舒爾文（Martin Schulman）替香港大學專業進修學院及 3A 會開辦「藝術管理實務證書」課程，我擔任聯合主任及講師，自 1989 年開始替中大音樂系教授藝術管理課程。

藝術管理：我的培訓理念

我在 2001 年毅然全身投入藝術管理的培訓工作，確實是基於一些個人抱負。藝術管理學科是建立在實踐的基礎上，我雖然不是學者，但積累了二十多年在藝術管理不同崗位和範疇的經驗，轉化成一些個人的見解。再加上自己早年曾修讀過藝術管理研究生課程和工商管理 EMBA，對相關的培訓有切身的感受，所以即使沒有博士學歷，也有信心從事培訓工作。這篇文章只是一些個人理念和經驗的分享，沒有嚴謹的論證，不具學術含量。

作為一個教育工作者，我是半途出家，並沒有受過正式的師訓，但在專注藝術管理培訓前，曾兼任老師十多年（先後教授音樂歷史和藝術管理）。我身為老師，最關心是如何把課上好，又同時能夠激發學生的學習興趣，所以設計課堂活動時，會盡量以生動和互動方式，啟發學生多角度思考探索，把學習效果最大化。多年來自己摸索了一些方法，促進學生學以致用[1]，這些經驗令我在其後設計課程時，非常關注「學習模式」和「學習效果最大化」。

長期從事藝術管理實務的背景，讓我對優秀藝術管理人員應該具備的素質、知識和技能等有深刻的體會，因此我對人才培訓的不少原則，大都建基於我本身作為管理人如何要求和培養自己的工作團隊。因此我的培訓標準是：自己願意聘用訓練出來的學員；而培訓的目標，是畢業學員要擁有我所理解的優秀藝術管理人員的特質。

中文大學之 EMBA（行政人員工商管理碩士）的學習方式對我的影響很大，我非常欣賞他們「學生為本」的理念，精心安排不同背景的學生分組，把朋輩學習的效果最大化。此外，「異地學習」能夠大大擴寬學生視野（包括讓學生民主地自選地點）。在英國進修藝術管理的經驗，也使我非常重視實戰智慧的分享和為學生建立知識體系之間如何取得平衡[2]，並鼓勵學生把課堂和書本知識應用在實質的工作上。這些因素都成為我設計課程、安排師資和評核方法的指引。感恩我有機會針對不同的培訓對象，設計適合的課程，包括學士、研究生、在職研究生等不同程度。有的培訓課程以本港或上海學員為對象，也有一些特別針對兩岸四地中高層藝術管理人員而設計的，在每一個課程中，我也有不同的感悟和啓發。

學習和應用兩個層次

以下三個圖表，分享了我所理解的藝術管理人需要的知識和能力，以及如何通過學習培養這些知識能力。

第一個圖表列出「學習內容／管道」、「提升／培養」與「處理議題」的關係。學員通過多種渠道學習形成其個人見解／觀點，這些見解／觀點影響他的視野和他將來的判斷能力；而他的見解／觀

學習內容/渠道	*提升/培養*	處理議題
#知識		**WHY 為何做?**
#技能	個人見解	願景/宗旨
#價值觀		
#心態	分析能力	**WHAT 做什麼?**
		情景
#接觸面		策略
#反思學習	創意	項目/活動
#經歷		
	判斷能力	**HOW 如何做?**
		項目管理
		行銷

藝術管理學習與實際工作關係

點、視野和判斷，有助他在工作上解決「要做什麼」、「為何要做」和「如何做」等常見問題。舉例來說，增加了學員對藝術營銷的知識，加上學員反思自己在這方面實踐的經驗，可以提升他在藝術營

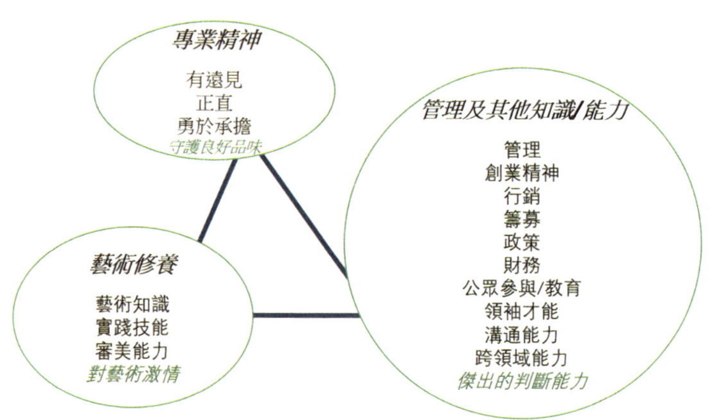

藝術管理人要學習什麼？

銷方面的個人見解和判斷力，這可幫助學員改善他的營銷策略和手法。同時，學員通過遊學團接觸到不同的藝術生態和節目策劃方式，可以擴闊他們的視野和見解，有助他檢討機構的使命、宗旨和節目策略。

第二個圖表把藝術／文化管理人需要的素質，歸納為三個面向：藝術修養、管理和其他知識／能力、專業精神。藝術和管理的面向，需要具備相關的知識和能力（見圖）：藝術方面包括藝術知識、實踐技能、審美能力等，以培養對藝術的激情；管理方面要培養卓越的判斷力，需要學習管理、企業家精神、政策、領導才能、溝通能力、互動參與等。專業精袖方面培養對文化傳播的承擔和專業操守，誠然針對中高層的管理人員的個人價值觀和操守，屬於個人的修為，老師只能提醒（和身教）。

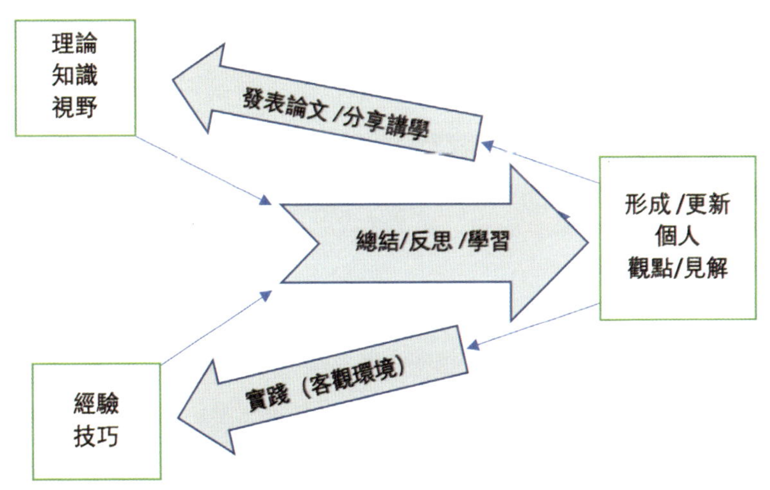

● 藝術管理學習途徑

第三個圖表解釋如何把藝術管理知識和實踐經驗，轉化為個人的觀點／見解。藝術管理是一個實務性的科目，個人認為學習相關的理論和操作方法等只是第一層次。第二層次的學習，是如何把它們實際應用。在這一步每人採用的方法和得出的結果往往不同，一般沒有標準答案，但是經歷了把理論和概念實際運用於特定的場景（即使這些場景是虛構的），這些概念就「內化」了，成為學員的個人見解。

從培訓者的角度看，應該關注和鼓勵學員進行第二層次的學習。對缺乏實際操作經驗的學生，我們需要通過「專題式學習」和「實踐」、提供機會給他們應用課堂上獲得的知識和操作方法。在「實踐」時，除了行動也要求學生進行反思和檢討，這包括個人和小組層面，以提升學習成果。假如學員已經有一定的實戰經驗，在第二層次的學習，可要求他們把課堂上和書本得到的知識，套用在他們之前（或現時）操作的項目上加以反思，藉此獲得「自我提升／學習」的成果。進行反思和檢討，其實就是「學習如何學習」重要一環（learning to learn），有助養成終身學習的習慣。

不同層次的課程

經常收到的查詢：應該在本科（大學學士），還是研究生階段，修讀藝術管理？以個人經驗而言，我認為碩士是學習藝術管理最合適的階段，最好已經有一點工作經驗，學習時便可以「舉一反三」。[3] 我曾先後設計三個研究生課程，對象不同所以也有點差異，在下面「搭建交流和學習平台」、「我的上海情緣」、“EMA” 等章節，會再探

● my lecture

討這個問題。

一般的本科學生，透過學習形成他們個人的價值觀和如何管理自己，因此較難體會「管理團隊和資源」等課題。從學習效益的角度，我並不鼓勵在本科程度修讀藝術管理。不過我必須承認，近年世界上愈來愈多本科的文化 / 藝術 / 創意產業管理課程；內地二十年前開辦藝術管理課程，也是從本科開始，已培養了大批人才。當中很多已成為今天業界的骨幹，雖然估計接近一半畢業生，並沒有進入行業。

我花了三年時間，全程投入在上音開拓藝術管理的本科培訓，培養了一批受業界歡迎的中層管理人員。個人認為本科課程的重點，應該是綜合素質的培養，引導學生建立正確的價值觀和專業的工作態度，事實上這些也是僱主最關心的。員工的專業技能和知識，僱主只需花一些時間，就可以為員工增值。但是僱員的綜合素質和價值觀，僱主卻很難改變。在有限的時間內，專業方面的培訓應該以藝術知識和操作能力為主，輔以管理、行銷、財務、法律等知識。務求令學生在畢業時熱愛藝術、並具備一個「藝術傳播者」的能力，是本科課程的目標，詳情在「我的上海情緣」再分享。

註釋

1 多年後才知道等同體驗式、專題式學習。

2 當年倫敦城市大學藝術管理課程的老師一部分是學者、一部分是業界領袖。

3 多年來諮詢我的本科生大部分還是畢業後馬上修讀藝術管理碩士，其後跟我說我的意見是對的！

搭建交流和學習平台

我很喜歡搭建交流和學習平台，最初純粹覺得有意義和需求，此外我也享受組織策劃短期課程的過程，包括設計課程的框架和大綱、安排不同的業界專家和學者講授（自己也通過這些平台跟業界朋友交流和「溫故知新」）。後來培訓工作成為我的主軸：2001 年香港還沒有藝術管理的學士或碩士課程[1]，假如要教授這些課程，需要找到有興趣開辦這類課程的機構。與此同時，更需要自己設計課程大綱和內容、邀請合適的老師、訂立評核標準等。在這個過程中，我可以盡量體現自己的培訓理念，包括在課程內安排海外遊學團等。因此我的培訓工作涉及相當多的規劃和行政工作，不過我很樂意承擔，多年來「摸着石頭過河」，也積累了一些經驗。

短期課程和業界交流會議

1987 年，我為香港藝術行政人員協會（3A 會）組織第一個藝術管理培訓短期課程。這應該是本地第一個非政府組織的短期藝術管理培訓班。課程內容涵蓋藝術管理不同範疇，並邀請當年各個主要藝團和藝術場地的主管主講。我擔任課程設計統籌，並負責講授其中一課。這個課程很快就滿額，參與者有政府和非政府的從業員，現任香港小交響樂團的總裁楊惠，以及中英劇團的藝術總監張可堅都有參加。

很多行業都舉辦年度性的大型學習交流會議（Conference），我參與 3A 會的工作時，一直倡議主辦年度性的專業會議。2004 年，我義務替 3A 會聯同香港藝術節和香港藝穗會，策劃了一個以「演藝推廣管理」為主題的三天專業會議。會議在藝穗會舉行，講者包括來自英國、美國、澳洲和新加坡的專家。2013 年，3A 會與西九文化區合辦，以創業精神（entrepreneurship）為主題的文化領袖論壇。我也

● 自 2004 年起，香港藝術學院前藝術管理專業證書課程校友每年聚餐。

擔任策劃的角色[2]，特別邀請了本港和內地一些非常成功的藝術機構和文化產業作專題分享，包括：柏斯琴行、吳嘉童、孟京輝、張軍等，西九文化區還特別把他們的經驗寫成個案。

策劃和統籌研究生課程

我感恩有機會先後策劃三個研究生課程：2002 年替香港藝術學院策劃和統籌的一年兼讀制「藝術管理專業文憑」(PCAM)、2007 年在上海音樂學院推出兩年兼讀制藝術管理研究生進修班、2012 年加入香港教育大學策劃兩年兼讀制「藝術管理與文化企業行政人員文學碩士」課程，經過香港學術評審局審評後 2014 年啓辦。

我認為課程涵蓋的範疇愈寬愈好，因為藝術管理是一個跨專業的學科，誠然不同地域碩士課程的學習年期，決定了學分和科目安排。香港的教學文學碩士（taught mode MA）為期九個月、英國一年、美國兩年、內地則三年。年期長多學分的課程，能夠為學員提供撰寫論文和較多實踐實習和機會；學分少的，只能針對最核心的知識和能力，例如：管理理論、營銷推廣、項目管理、財務、籌募、法律、節目 / 節慶策劃、文化政策等。成功的課程，可以使學員對藝術管理有整體的認識，提升他們的思辨和研究能力，這是一般短期的專業培訓無法達到的。

我很重視研究生的背景，一方面希望吸納不同背景的學員，帶來多角度思維和「朋輩學習」，另一方面不希望學員的年齡和經驗相差太遠。之前曾任教一個課程，大部分學生是應屆畢業生或有兩三年的工作經驗，但少數學員有超過十年經驗，因此我很難釐定授課的深淺程度，所以我認為應該針對性地為這些有豐富經驗的業界提供培訓。

香港政府不會資助這類型的碩士課程（taught mode MA），上海政府也不會資助研究生課程班，因此開辦這些課程是一門具有風險的生意。院校和負責老師都需要掌握市場的情況、嚴格控制開支，假如虧損，就只能停辦。不過對我來説，最重要的還是課程針對的對象、特色和內容，務求為學員帶來最大的學習效果。

香港藝術學院的 PCAM，主要針對香港的在職藝術管理人員，因此收生時盡量限制非在職的學生數目不超過四分之一。在進行小組學習（四人）的時候，我希望大部分組員已經有實戰經驗，以達至最佳學習效果。我們也成功得到藝術發展局和康文署的支持，提供獎學金給予他們的員工和業界人士參與課程。

課程的設計可以説是體現了我當時的培訓理念，包括：加入香港文化生態的內容、香港的案例、安排海外遊學團，和加入自我反思學習等元素。課程一年完成，每週上課一個晚上，我們安排了管理基礎、講座 / 案例系列、營銷、財務、籌募、法律等單元。

先前提過 PCAM 的學員背景很多元、包括九大藝團、康文署、藝術發展局、中小藝團、澳門文化局、澳門文化中心等員工，學員關係很好。畢業至今二十多年，每年舊生會組織一次聚餐，總是有 20 多人參加，不少已成為高級經理、知名策展人、製作人、社企創辦人、公關公司負責人、藝術機構的行政總監和董事（有心人），大家有説不完的話題，這可是我每年最期待的飯局！

其後在上海音樂學院和香港教育大學策劃的研究生課程在以下章節分享。

遊學團

從學習的角度，我認為不同地域的業界交流和海外參觀活動，提供了極佳的「學習平台」，它幫助我們擴濶視野、認識不同地方的管理思維和實踐成果、第一身了解國際最新的發展。這些經歷也啟發我們思索背後的社會和文化影響，反思居住地的文化生態、管理和營運模式等。整個學習歷程幫助學員們更深入地認識管理與環境的關係，並可參考和學習海外「典範實務」（Best Practices）。

在 2002 年的 PCAM 課程，我安排了一個五天的遊學團（自費），並由學生民主地決定出訪的城市，但參觀地點、日程由我安排。想不到當時兩班學生都選取了墨爾本，結果我一個月內去了兩次。學生非常喜歡遊學團的學習方式，其後的作業也反映他們受益很大。第二屆，我們去了上海。有了這個成功經驗，其後我籌辦的課程，都盡量包含遊學團，多年來我「帶團」到過北京（香港大學SPACE）、上海（PCAM、教育大學的音樂碩士）、台灣（EMA、上音），也曾經把上音的研究生帶來香港。其實遊學團涉及非常多的行政安排工作，大大的增加我作為老師的負擔，不過我很享受跟學生共處和交流的機會。同時，我也特別感恩每次「出遊」都得到當地的業界友好幫忙介紹。

樂此不疲的遊學

2011 年，我看見廣州的文化場地和院團發展迅速，年青的藝術管理人也有不少發揮機會，因此希望安排我當時的學生和業界好友，參觀這些新設施和接觸當地的同業，當然少不得品嚐當地美食。在兩地好友的大力支持下，組織了一次「鄭新文與友人」兩天廣州文化之旅，竟然有 61 位朋友參加，感恩「天使」陳麗兒 Emily 和李靜賢替大家承擔了行政安排的工作！

在廣州，我們一行 60 人住在一個連鎖賓館，凌晨三點多，火警鐘大鳴幾次，把大家都從睡夢中驚醒。我第一時間打電話到前台詢問，被告知只是誤鳴，不用下樓。他們會打電話通知所有房客，我當然很擔心團員會否已下樓及有否收到通知，結果擾攘了差不多一小時才再睡下。不久，我在夢中看見自己帶着這班「朋友」一起過海關，但自己被海關人員拉去問話，因為他們覺得我們這班一起行動的「團友」神情有特別的「氣質」，好像信奉另類宗教似的，故此懷疑我是邪教的主腦。開始審問不久，我就醒來了。次日我在旅巴跟大家分享這個「邪教夢」，為大家提供了一些笑料！

註釋

1 香港中文大學的文化管理文學碩士 2002 年才開辦。

2 因為策劃人有酬金，所以我退出 3A 會董事局，避免角色衝突。

我的上海情緣

我的上海情緣可追溯至上一代，外祖父是當地的企業家。我的母親 1930 年代在上海長大，後來因為戰亂於 1940 年代末移居香港。其後，我的外祖母在 1960 年代也來了，我也透過跟她溝通學會説普通話，雖然不懂漢語拼音。

1980 年代始，我有機會到上海旅遊、公幹、講課，對這深具歷史感的城市面貌着迷，也認識了好友錢世錦先生和韋芝女士。1990 年代後期，兩人分別擔任上海大劇院藝術總監和上海國際藝術節副總裁，我很佩服他們為上海的劇院管理和國際文化交流帶來令人矚目的發展。

2005 年，上海音樂學院剛成立了藝術管理系兩年（是內地第一批開辦藝術管理課程的高等院校），當年的領導楊立青院長極具國際視野，打算邀請一位境外的華人藝術管理專家領軍，錢世錦便推薦了我。院長申請「上海國際人才引進基金」支付我的工資（當時在上音是天價，實際是我先前香港工資的一半）。在完成招聘程序後，我於 2006 年出任藝術管理系的系主任、教授、學科帶頭人。想不到小別「藝管江湖」兩年後，我又回來了，更感恩是能夠在藝術管理培訓工作上，得到可以發揮的平台。

其實這份工作對我的挑戰是挺大的，當時藝術管理系有接近兩百個本科學生，對未來前景頗迷茫。我感恩在加入之前，領導團隊已經把招生途徑從藝術生（學生要參加藝術考試）改為通過一本線招生（純粹考慮學生的高考整體成績和第一志願），大大提高了錄取學生的文化素質，也具備了良好的發展潛力。

我上任後馬上替二、三年級，開辦藝術管理專業課，並親自教授。當年藝術管理本科生相當多，最多的兩級有 65 和 72 人，於是我把每級分為兩班上課。其中有一班學習動力特別強的同學，更選擇我用英語教材來上課，因為他們希望提升英語水平。學生是我的最佳評判和盟友，他們在短時間內提高了學習動力，學習成效有目共睹；他們更稱我為「太陽伯伯」，因我的英文名是 Sun Man，這也影響了學院其他老師對我的態度，我和其他老師的相處變得更融洽。

上海音樂學院是中國第一所音樂學院，蔡元培是首任校長，在國際上也是聲譽極高的藝術院校，因此藝術管理系獲得國際和全國業界的關注。我到任後馬上籌辦一些小型的主題式論壇，邀請資深業界友好共同探討一些課題，包括人才培訓、觀眾擴展等，嘉賓包括美國藝術協會總裁羅伯特 · 林奇（Robert Lynch）、中國演出集團的張宇總裁、指揮家余隆、台灣夏學理教授、香港藝術中心總幹事茹國烈等。這些「大卡」的蒞臨，對學生是超大的鼓舞，也獲得校領導重視。

那時候剛成立兩年的藝術管理系，在課程設置上是「摸着石頭過河」。我認為「實踐」對藝術管理本科生非常重要，到上音後建立了「藝管實務」課程，通過學生參與藝術管理的實踐經驗來學習。當時我們像一家工廠，要創造超過一百多個崗位給學生參與，我們一方面在校內四處打聽其他系有什麼活動，可以讓我們的學生幫忙（幸好上音的校內校外音樂活動極多），一方面要無中生有，自己開發一些活動給學生作為實踐機會，當然還要設計執行和評核機制。欣慰的是成績獲得認同，這個課程三年後獲選為上海市教委重點課程。

我認為大學應該是培養學生的專業工作態度，和對社會承擔的重要階段，意識到口號在內地的重要性，我動員藝管系老師進行頭腦風暴、探索藝術管理人應該擁有的專業態度，擬出學生培訓目標的八字系訓：「積極、堅忍、考究、雙贏」。系訓不單是一個口號，並要求學生在實踐工作後，以這四個標準進行自我評核，促使學生通過實踐、協作、檢討、反思過程，逐漸養成專業的工作態度。落實系訓兩年後，再公開徵集，增加了由學生建議的「真誠」。「積極、堅忍、考究、雙贏、真誠」這十個字的系訓一直沿用至今。離開上音後的某年元旦，我在微博上看到一位已畢業數年的系友，自評上一年自己在這四個標準上獲得多少分數，使我十分感動。

我人生中很珍惜的榮譽，是在上音曾獲得學生選為「最佳教師」之一。理念上一直認為本科教育，不是培養藝術管理人才的最適合時候，不過通過自己在上海的「迎難而上」，並見證自己所培養的學生，畢業後在專業的發展，我對在本科修讀藝管有了不同的看法。我教過的本科學生（第二屆至第五屆畢業生）不少都被上海的主要院團和文化場地聘用，十多年後的今天已經成為這些藝術機構的骨幹，其中兩位 —— 上海交響樂團的陳寅和 YOUNG 劇場的蔡璧野 —— 後來與我合作、更新我的著作《藝術管理概論》內幾個章節；另一位學生魏星博士成為上海音樂學院藝術管理系的副教授。事實上，我必須承認假如能讓學生在本科階段已經「愛上」藝術管理，他們對專業的忠誠度和未來發展潛力會非常突出。但同時也要接受，有約一半的畢業生，選擇了工資更高的其他專業。

我一直認為研究生是培養藝管人才的最佳階段，因此我在上音也落實了這個理念。我們花了七個月的時間設計、申請和招生，在 2007 年一月推出藝術管理的研究生進修班，這相等於香港的研究生

文憑（Post-graduate Diploma），師資隊伍來自兩岸三地（台灣在藝術管理培訓方面是先行者，有資深的老師），學生需要通過密集上課方式進行學習，每年兩次，每次十天。針對學員是來自兩岸四地在職的藝術相關管理人員，這個課程也安排了學生非常歡迎的「遊學團」（曾到訪台灣、香港）。課程一直辦了約十年，它的成功也大大改變了藝術管理系的財政狀況，增加了老師的歸宿感。

● 2007 年，上海音樂學院藝術管理系開辦「研究生課程班」，老師和學生來自兩岸四地（內地、香港、澳門、台灣）。

進修班學員不但來自全國，還有香港、澳門、台灣，以及新加坡，背景相當多樣化，除了藝術管理人，還有藝術教育培訓機構的行政人員、大專院校音樂系的老師、文創行業的管理者等，這為朋輩相互學習創做了良好的環境。我很高興不少學員現時已經成為所屬機構的領軍人物或主管，部分也經常被內地的藝術管理課程邀請講課。

此外，我稱上海的經歷為「情緣」，是因為我在上海遇到多位「貴人」，得到他們的支持和協助，我們才能夠在三年期間（2006–2008）開創和成就以上的不同課程。除了錢世錦和韋芝外，貴人還有我的戰友、藝管系副主任陶辛教授。他是我日常工作的問路人，一直把我不成熟的想法「轉化」成為「可操作」的計劃。還有秦尚修書記和另一位副系主任王勇教授大力支持，輔導員邱慧柳也跟我合作無間，協力提升了藝術管理系的聲譽和網絡。我們四位男領導，當年更被學生稱為「藝管系 F4」。至於當年能夠很快便開辦研究生班，是得到台灣「貴人」朱宗慶教授、夏學理教授、樓永堅教授、黃秉德教授、沈中元教授等大力支持，我非常感恩！

2008 年，我和上音的三年合約期滿，考慮到當時我在香港的雙親年事已高，人在上海不很放心，於是選擇離開。當然「上海情緣」並未結束，每年總會找到藉口（新冠時期例外）回到故鄉，跟我不同年齡的上海好友，包括不少現今仍跟我保持聯繫的當年學生聚舊，感受上海令人讚嘆的發展！

EMA——充滿挑戰的高端學習和交流平台

2018 年 11 月 16 日，對我和 EMA（香港教育大學藝術管理與文化企業行政人員文學碩士）校友來說是一個具紀念意義的日子，因為當日是這個課程第三屆學員（也是最後一屆）的畢業典禮。他們在兩年的努力後，終於完成了課程的要求和對個人的挑戰，我衷心地祝賀他們！相信在藝術機構擔任中高層管理人員都很清楚，藝術機構一般人力資源緊張，在繁重的工作壓力和責任之上，再以兼讀方式完成一個碩士課程是多麼大的挑戰。個人在二十年前兼讀 EMBA，中途因壓力太大幾乎要放棄，所以我能夠體會學員的感受。

誠然，這個日子對我而言也有重大的意義，因為我是這個課程的創辦人之一，曾經花了五年半時間（2012–2017）設計、籌備、統籌、經營、教授這個課程，雖然只是參與了第三屆學員一半的培訓便退休，但先後與接近四十位 EMA 學員建立了密切的關係，看見他們完成對自己的挑戰，在專業和知性上跨進一個新高度，自己也多了「朋友」，真的很欣慰。

這個課程的籌辦，也是我職業生涯的一大挑戰。雖然我先前在香港和上海都策劃過研究生班的課程，但當時在香港教育大學開辦一個非教育性質碩士課程，需要經過校內校外的評審，即使通過了也要在三年後再次評審。故此，我最少花了一半時間（前後約三年）在評審的文件和論證程序上。另一大挑戰是為課程開發市場和建立品牌，香港的授課碩士課程都不獲政府補貼，必須自負盈虧，否則不可能生存。

EMA 目的是為鄰近地區的中高層文化藝術管理人提升視野和能力，所以針對最少有五年工作經驗的文化藝術管理人員，以英語授課，這自然把潛在市場縮窄。課程是兩年兼讀性質、每年兩次各 10 天在香港密集上課。因為我們針對整個大中華地區，所以我那時要到北京、上海、台北、新加坡、澳門等地宣傳招生，找合適的學生有如找贊助商般困難。

我最欣慰是報讀的學生雖然不多，但他們的背景都很強，雖然我們對學生的工作經驗要求是五年，但實際上大部分學員的工作經驗都超過要求，其中一屆平均達到十四年。他們大多已經是中高層管理人員，在各自的工作範疇已有一定的成就。最難得的，是成功吸引先後來自七個城市的學員，包括上海、廣州、澳門、台北、新加坡市、吉隆坡和香港，其中有幾位更是我之前課程的學生，包括香港的梁銘康、李佑宗，澳門的鄺華歡、上海的陸莉萍、孫逸雯。學員有很強的學習、交流和合作的意願，所以分享、反思總結、朋輩學習（peer learning）成為了重要的學習途徑，成就了 EMA 這個高端學習和交流平台。

課程的其中一個主要的特色，是我們與倫敦大學金匠學院（Goldsmith College）合作，除了藝術管理，也提供文化創業學

Con

Experienced Cultural

SHANGHAI

- Shanghai Dramatic Arts Centre
  - Deputy Manager of Marketing D
  - Producer
- Press Officer, Shanghai Grand The
- Journalist, Shanghai Morning Post
- Head of Interdisciplinary and Spec
  Swissnex China

GUANGZHOU

- Programme Manager,
  Guangdong Modern Dance Company
- Executive Office Director & Art Education Director,
  Guangzhou Opera House

MACAU

- Managing and Creative Director, Creative Links Limited
- Cultural Affairs Bureau of the Macao S.A.R. Government
  - Senior Technician (Department for the Promotion of Cultural and Creative Industries)
  - Programme Executive (Cultural Events Department)

KUALA LUMPUR

- Executive Director, Inxo Productions

SINGAPORE

- Senior Manager (Corporate Services),
  Singapore Chinese Orchestra Company Limited

- Seni
  Clo

STRATEGIC PARTNERS

INTERNATIONAL PARTNER
Goldsmiths
UNIVERSITY OF LONDON

cting

lanagers from 7 Cities

EMA(AME)

Executive Master of Arts in Arts Management and Entrepreneurship

ient

ects,

TAIPEI

ct Manager,
Dance Theatre of Taiwan

HONG KONG

- Projects Manager, Artransfer Culture Promotions Co. Ltd.
- Assistant Project Manager, China-Tech Engineering Co. Ltd.
- Programme Manager, Chung Ying Theatre Company (HK) Limited
- Founding Chairman, Hong Kong Trombone Association
- Hong Kong Youth Arts Foundation
  - Assistant Director
  - Senior Manager, Corporate Communications
- Leisure and Cultural Services Department, HKSAR
  - Technical Director (Performance Venues)
  - Senior Manager, Cultural Services
  - Manager, Cultural Services
- Head of Planning, Music Children Foundation
- Outreach Project Manager, Premiere Performances of Hong Kong
- Music Teacher & Choir Director, Renaissance College, HK
- The Hong Kong Academy for Performing Arts
  - Concert Assistant (School of Music)
  - Project Coordinator (School of Chinese Opera)
- General Manager, The Hong Kong Children's Choir
- Assistant Manager, Facilities Management, West Kowloon Cultural District Authority
- Executive Director, Youth Square

2015 年香港教育大學藝術管理及文化企業行政人員文學碩士課程（EMA）宣傳單張，課程吸引來自七個城市的中高層管理人員。單張列出首兩屆學員當時的職位（未包含第三屆），並不反映現時的職位。

（cultural entrepreneurship）的內容，探討非營利的藝術管理與有市場的文化產業如何相互結合。師資方面既有香港、倫敦、台灣的教授，也有資深業界專家，分別來自美國、英國、新加坡、澳洲、香港等地。老師和嘉賓講者都高度評價 EMA 的學員，因為他們豐富的工作經驗，使課堂討論能夠很深入。課程內更安排一個遊學團，先後出訪台灣和倫敦，參觀有代表性的機構和與當地業界交流。

然而，這個受學員好評、高水平的課程，未能吸引大量符合收生條件的報讀者，開辦三屆仍未能財務上達到自負盈虧。政府雖提供資助予不少藝術管理培訓計劃，但不資助大學辦的授課式碩士課程[1]，在缺乏天時地利人和的情況下，課程在 2017 年只好停辦了！

心中的理想課程未能延續下去，我當然有些失望。經過一段時間的反思、聆聽持份者（如學生、顧問等）意見後總結，在課程的設計和質量上，我們都屬於業內前沿。但在經營方面，我們高估了市場的需求，低估了各類海外短期培訓的競爭（香港業界可申請獎學金參加）。香港教育大學的品牌，在於教育而非管理方面。此外，針對這個區域中高層藝術管理人員、以英語授課的碩士課程，市場條件仍未成熟。儘管如此，能夠建立這個高端的學習交流平台，讓接近四十位區域業界精英受惠，個人認為已經是很好的「回報」！

特別感恩的是在籌備和統籌這個課程時，獲得無數業界友好的支持，不計較回報地為我們出謀獻策（顧問小組）、授課分享經驗和提供各種配合，包括倫敦金匠學院文化及創意學院總監列斯頓教授（Gerald Lidstone）和潘溫教授（Sian Prime）、前新加波濱海藝術中心總裁 Benson Puah、亞德萊德節慶中心總裁高德禮（Douglas

Gautier）、前香港大學協理副校長徐詠璇教授、M+ 副總監（博物館營運）崔德偉博士、誇啦啦藝術集匯行政總裁邱歡智女士、前西九文化區表演藝術總監茹國烈教授（選擇無酬為學員上課）、台灣師範大學夏學理教授等，感謝他們認同 EMA 的理念和價值。

此外，也要感謝我的三位「領導」：決定開辦這個課程、教大創意藝術及文化系前系主任梁信慕教授，以及繼 Samuel 後擔任課程總監的曾業發教授和其後的勞倫斯。伍德（Laurence Wood）教授，他們 3 位都曾為這個課程絞了不少腦汁，承受一定的工作壓力。感恩在行政上，我全程得到「天使」協助，從最早期的陳佩琳 Simone、到招宛姍 Javy，黃子睿 Andromeda，她們照顧學員的各種需求。Javy 甚至自費參加台灣的遊學團，全程協助安排，我真的很幸福。

EMA 的培訓平台現在已成為校友之間的一個交流聯絡平台，其實有些校友在就讀時已經成為了合作伙伴，例如 2016 年，香港青年廣場、廣州大劇院和廣東現代舞團的學員，曾共同組織廣州—香港兩地的青年藝術交流活動，其後更獲得國家藝術基金會資助得以延續。2017 年，6 位校友和我前往馬來西亞邦咯島，參加校友莊立康創辦及策劃的社區藝術節[2]，澳門校友、製作人鄺華歡近年亦積極參與這個藝術節的策劃和製作工作。

註釋

1 政府在 1980 年代和 1990 年代曾資助海外大學和香港大學合作，專門培訓在職藝術管理人的課程，這些課程由市政總署訓練學校統籌。

2 邦咯海島節 2025 年獲得國際節慶與活動協會（IFEA）亞洲分會 2025 亞洲在地音樂節獎和最佳兒童節目獎。

烏托邦：美藝金銀島

「藝術能為社會創造什麼價值？」這是一條永恆的問題，對喜愛藝術的人來說答案很簡單：因為藝術為他們帶來美感體驗、滿足感、愉悅、心靈慰藉、表達和創作的渠道，使他們的生活質素得以提高。但是對非藝術愛好者的市民，包括政治人物和政策制定者，你希望他們重視和支持藝術確實需要一些具體的原因。

因此我在不同的藝術管理和文化政策的課程都會探討這個問題，因為藝術管理人的角色就是擔任藝術與社會的「超級連繫人」，故此需要知道「連繫」的對象和理據。我一般會先給學生小指引：「假如你今天有機會面見財政司司長，希望游說他增加對藝術的支持，請告訴他藝術能為社會創造什麼價值？」然後讓每位學生輪流分享。

在此我們無法見面互動，我嘗試用一個比較特別的方式讓讀者「參與」我們的探索，我把藝術可以創造的不同價值用一個島嶼地圖方式展示：「美藝金銀島手繪地圖」，我作為導賞員嘗試為大家精要介紹島上不同「價值區」的特色和背景，鼓勵讀者發揮你的知識和想像力，在不同的價值區「看到」更多精彩的事物。

藝術價值區
雲頂藝術館
文學館
忘憂山
青年更生中心
藝術更生價值區
S
E
W
N
藝術公園
果園
藝術教育價值區
醫院及療養院
藝術健康價值區
農田
社會價值區
金銀村
文化塔
多元共融廣場
度假村
銀灘
博物館
創意園
表演劇院
展廳及影院
經濟價值區
酒店
文娛旅遊價值區
碼頭
美藝金銀島

美藝金銀島

美藝金銀島原名「金銀島」，本來是以農耕和漁業為主的美麗小島，島上有金桔果園、銀色沙灘，故名「金銀島」。上世紀末不少島民離開到市區工作，其後不少藝術家和數碼牧民進駐。也有一批富裕的島民退休回歸，他們願意為小島的永續發展作出貢獻。島的領導層為了「振興」小島，約十年前決定以藝術作為新定位，更名「美藝金銀島」，嘗試在島嶼不同區域彰顯藝術於不同範疇的價值，設立不同的「價值區」，通過優秀人才計劃引入外來藝術家及機構、創意產業知名品牌、新一代創業者、建築師、設計師、飲食品牌、大學、新媒體等進駐小島，並為幾位著名藝術家、建築師和設計師提供專屬工作室。

美藝島的地標是三百米的「忘憂山」，山頂和半山是藝術島的「藝術價值區」。位於山頂高原的「雲頂藝術館、文學館和藝術公園」，收藏了頂級的美術品，包括繪畫、雕塑、裝置藝術，文學作品手稿，並定期提供免費的跨藝術形式活動，是藝術愛好者的樂園，他們經過不同的藝術徑上山，沿途觀賞美麗的風景、樹木和藝術品，把觀賞大自然和藝術作品的感受結合，獨特的美感體驗深受居民和旅客的歡迎，居民認為「藝術價值區」提升了他們的生活質素。

島的中心是「社會價值區」，也是大多數島民住宿的村落，已經有幾百年歷史，因為先前有不少村民遷出、房屋失修影響環境，近年因為鄰近地區（包括海外）藝術家、建築師、設計師進駐，復修部分房屋並加入藝術元素，因此吸引了不少特色餐飲和精品店，成功通過藝術推動「社區重建」，整個社區活力恢復，新舊島民通過保育和藝術活動共融，積極共建未來。村中心地帶擴建成為多元共融廣場、文化塔和博物館，島民的大多數節慶、儀式、藝術文娛活動都在這裏舉行。這個標誌性建築群不單提升了島民的歸屬感和自豪感，也代表了島的文化身份。

美藝島的舊碼頭和倉庫區經過保育，活化成為「創意產業園」，設計美輪美奐及富青春活力，租戶包括藝術家、手工藝人、非物質文化遺產傳人、建築師，以及廣告公司、傳媒、畫廊、軟件、藝術科技、零售、餐飲等行業，是居民及遊客極受歡迎的「蒲點」，很成功地創造就業機會、推動經濟，是名副其實的「經濟價值區」。應該指出創意產業的核心推動力是創意，而藝術與創意兩者息息相關，有專家認為富實驗性的前衞藝術承擔了創業產業的研發 R&D 功能，過去二十多年很多國家都大力發展創意產業，因為它增值特別高。

美藝島還有另一區域也是極富經濟價值的，那是小島的美麗銀色沙灘和在海邊的大型度假村，是每年吸引百萬計遊客的磁石。這個「文娛旅遊價值區」設施非常完備，大小劇院、展廳、影院、運動場所、戶外藝術作品應有盡有，並與小島優美的自然景觀完美結合。參考海內外藝術節慶（愛丁堡藝術節、中國烏鎮戲劇節）和文娛活動（百老匯、倫敦西區）吸引大量遊客、創造巨大經濟效益的經驗，度假村以沉浸式藝術體驗和中外藝術名家表演為賣點，每天都有演出和特設展覽。針對高消費的中外藝術愛好者，每年更推出不同藝術形式的藝術節。當然美麗的銀灘是所有遊客和居民的必到之地，日落最佳的「打卡點」。

這個美麗的小島有很多梯田和果園，島政府農業部門聯同教育界及藝術界把這些農耕資源打造為「藝術教育價值區」，一方面以結合科技的永續形式繼續耕種活動，同時在充滿生機的環境下推動最前瞻的藝術教育和結合藝術元素的教育培訓及研發，區內設有各式各樣的學習中心、體驗中心、研發基地，它們定期舉辦夏 / 冬令營、短訓班、工作坊、大師班、比賽等，對象除了學生外，還包括企業、家庭、退休人士等。各種門類的培訓如品格教育、創意教育、表達溝通教育、藝術科技、生命教育等應有盡有。這些以藝術作為學習載體的課程成效顯著，很受學校、家長、企業和退休人士歡迎。其中不少活動是與雲頂藝術館、度假村藝術中心合作，提升藝術活動的教育效益。

小島的教學醫院及療養院坐落在林木茂盛的半山小丘，這是寧靜的「藝術健康價值區」，近年很多研究都指出藝術對健康的正面影響，例如音樂能降低病人的焦慮和壓力、參與藝術活動對老人的精神健康有正面影響，藝術治療也愈來愈受歡迎，療養院聘有專責的藝術治療師為院友服務。教學醫院多年前已在醫科生及護理學生培訓課程內設有戲劇初階課程，促進醫生及護士易位思考能力及提升他們與病人溝通的技巧。醫護人員也組織了室樂團及合唱團，經常在醫院、療養院及島上不同場地演出，很受病人和家屬歡迎。醫院非常重視藝術的療愈功能，大堂廣播悠揚的古典音樂，醫院大樓內、花園及隣近的森林浴小徑都有壁畫、彫塑及裝置藝術品。

小島的後山有修道院改建的青年更生中心，為非嚴重的青年罪犯提供懲教及更生服務，參考海外（包括內地）的成功經驗，它們為青年罪犯組織步操樂團和新生劇團，因為這些藝術活動使青年人更好地控制自己的情緒，促進團隊精神，因此更生中心被列入為「藝術更生價值區」。

這個雄心勃勃的「藝術創造價值」規劃及配套人才政策，大大的提升了美藝島的知名度及品牌，旅客大幅增加，而本島居民也很支持以藝術和創意為該島的核心價值。歡迎各位參與他們的發展計劃，在島上創立你的事業，甚至開發一個新的「價值區」。

彰顯藝術教育功能的活動

作為藝術管理培訓人，我認為從業員應該重視藝術的教育功能，因為他們需要掌握如何提升觀眾參與和互動（audience engagement）的技巧，以及評估藝術教育活動的成效，具備相關知識技巧有助他們將來增加藝術機構在教育方面的參與，因此我在 EMA 課程裏安排了「教育與藝術」必修課程，感謝多次獲得藝術發展局藝術教育獎、誇啦啦藝術集匯行政總監邱歡智女士任教。2018 年我看了兩個很有意義的演出，很有感觸，主動寫了兩篇感言放在我的博客[1]，兩個活動分別彰顯了藝術不同方面的教育功能。在此也分享一下這兩個演出給我的感悟。

音樂劇「奮青樂與路」作為品格教育途徑

2017 年，音樂劇「奮青樂與路」首演即獲得劇協舞台劇獎頒發 6 個獎項，包括最佳製作、最佳原創曲詞、最佳配樂等，絕大部分演出者都是中學生，除了一兩位在演藝學院就讀，但製作團隊卻絕對「星級」，包括作曲高世章、作詞岑偉宗、編劇莊梅岩、導演方俊杰、編舞張月盈等，能有此星級陣容是因為由利希慎基金贊助和主辦。整個演出是高水平的，令人感動中學生可以達到一級製作團隊的要求。

藝術方面我不多說了，打動我的是整個活動清晰具體的教育理念，以及貫徹這個理念的一些措施和安排。這個製作標榜「品格 X 藝術之旅」，提出以藝術培養品格的教育理念，認為音樂劇有助培養 4D 素質：即 discipline（紀律）、dedication（全情投入）、self-discovery（自我發現）、delight（快樂，包括個人和友誼），最終培養「奮青」的價值觀。

相信從事教育工作的朋友都理解價值觀培養的重要性，以及其對學生終身的影響，但怎樣把抽象的理念（如核心價值觀可能是校訓）貫徹在教學活動（teaching and learning）裏是一個大挑戰。因此音樂劇的主題是為中學生「度身訂造」，描述一個有音樂才華、但非常「自我」的中學生，一心要「出人頭地」領導合唱團在比賽勝出，甚至忘記了社區合唱團的本質。除了涉及個人成長外，也探索香港中小學組織的學生藝術團體（例如合唱團）目的為何？

這個聯校活動的其中一個大特色是參與的四間學校背景非常不同，包括合辦的培正中學、協辦的地利亞修女紀念學校（協和）、香港正覺蓮社佛教正覺中學和心光盲人院暨學校，參與的 70 多位學生包括少數族裔、新移民和視障人士。因此，由一群背景如此多元的中學生、排練演出一個原創廣東話音樂劇的難度可想而知，但從部分參與學生現場分享得知，這段共融合作、團隊互相扶持的經歷對他們的影響是深遠和難忘的。

個人認為把參與藝術製作認定為品格教育途徑（之一）很有遠見，相信也有其他的學校（包括小學）推行。[2]

素人戲劇「美好的一天」是生命教育

我完全預料不到一個「素人」演出令自己有衝動想「再看一次」，但這確實是 2018 年 10 月 11 日晚上看完「美好的一天」的感覺！一方面是導演與演員（包括文本）和觀眾互動的構思精妙，另一方面是 19 位本地演出「素人」的故事及分享非常精彩。

「美好的一天」是北京新青年劇團 2013 年的作品，當年已經在北京、上海、杭州、深圳演出過，香港是第五個演出城市。每到一個演出城市即挑選一批普通老百姓，講述他們自己的人生故事，這次演出獲選的演出素人有多元背景，最年長的八十二歲、最年輕的十多歲，來自不同行業、不同族群，有新移民、輪椅人士，也有前黑社會，共通的是導演所謂的「堅韌」，他們面對生命無常頑強奮鬥的精神。雖然文本是每個人真實的故事，但經過一些編排上的加工。我認識其中一位參加者，他是極有理想和能力的創業者，經歷成功與失敗、終於走出低谷，並通過參加演出總結和分享他的故事。

觀賞體驗非常獨特，每位觀眾獲發一部 FM 收音機，每位素人的分享都透過不同的 FM 頻道傳播，觀眾只要調教不同頻道，就可以自由選擇聆聽那位素人演員的故事。每位觀眾也獲發一本《演出手冊》，裏面有每位演員的照片和簡單自述，大家可以對號入座。因為 19 位演員「同時」在舞台講述，所以非常嘈吵，觀眾要非常「專注」地聆聽。有觀眾形容好像在茶樓，聽見旁邊或另一枱茶客的對話。幾乎沒有可能完整地聆聽某一位素人的故事，大部分觀眾都「遊走」於不同故事之間。我因為大部分時間聆聽朋友的故事，錯過了其他演員。

對無受過戲劇訓練的素人演員來說，這個演出應該是頗大挑戰。不單要把自己的經歷（一些片斷也許已紀憶模糊）編寫成 90 分鐘、有起承轉合的「故事」，現身說法時沒有「貓紙」提示，滔滔不絕地講 90 分鐘，可以說他們經歷了「速成」的演員訓練。

從某個角度來看，這個演出也是一個「沉浸式」的生命分享會。我們每人每天都在發聲爭取別人的共鳴，也同時在聆聽別人。聆聽「美麗的一天」眾多故事的時候，它們的共通點、共同背景 —— 香港 —— 就變得特別有趣。往往能看到自己的影子，引起共鳴。因此在欣賞、佩服、感動之餘，相信個人也得到啟發。

我很好奇參與這個演出對於素人演員的影響（有參加者認為具治療作用），因為他們需要自我審視過去、反思總結，整理自己的人生歷程，加上聆聽別人的故事應該也帶來不少啟示。我甚至忽發奇想，可否把這個演出和排練 / 培訓模式擴展為一個「美好人生」戲劇訓練營？通過戲劇這個媒體探討生命的意義和個人的歷程，沒有意識形態的灌輸，但達到生命教育作用？我相信類似的「訓練營」會有市場。

註釋

1 我年青時曾短期為《南華早報》和國際藝評加協會（香港分會）寫過樂評，但沒有堅持下去。

2 2024 年我出席了九龍塘小學（我的母校）一個很令人感動的音樂劇演出，整個活動從 KTS 當年教育目標「齊家明德」出發，通過音樂劇的原創故事、演員對白、歌詞、音樂，把抽象的價值觀呈現並賦予情感，集合多個表演團隊數百位學生同台演出，小學生更容易理解相關價值觀和學習，達到真正的潛移物化。

藝術專業學生為何要學藝術管理

我在不同的階段也為藝術專業的學生開設藝術管理基礎課，因為具備藝術管理知識有助藝術工作者未來就業、創業或從事斜槓工作。

傳統的藝術專業（音樂、舞蹈、戲劇、戲曲、視覺藝術）課程，無論是藝術學院還是大學開辦的，一般只集中專業知識及技能的學習，較少關注藝術與社會的關係，藝術家、藝術機構在社會上可以擔任什麼角色、如何組織活動、如何推廣藝術、如何把個人的知識／能力連結社會等課題。假如藝術工作者對藝術傳播缺乏熱誠，不但影響他們藝術視野和個人事業的開展，長遠也不利於藝術推廣。

那些在專業藝術機構工作的藝術家，或者獲得經紀公司垂青的表演者，他們自然得到專業藝術管理人提供的服務。問題是極少數藝術專業學生畢業後能夠馬上進入專業藝術機構工作、或者獲得經紀公司垂青。即使他們很優秀，大多數都需要一段時間（以年計）才能到達這種狀態，在這之前他們需要安排自己的藝術活動和宣傳事務，爭取參與專業活動的機會、提升自己的知名度等，具備藝術管理的知識和能力對他們來説就是優勢。

要使藝術專業的畢業生能充分發揮他們的專業能力，在培訓課程內除了專業訓練外，也應該培養能讓他們更善於融入社會和藝術生態的相關知識和能力，包括：

（一）了解社會環境如何影響他們的工作和發展

一、認識藝術機構（營利和非營利）的不同性質、宗旨、架構和營運模式

二、認識藝術市場、文化生態、文化事業和產業的概念

三、認識文化政策，以及其對文化生態的影響

四、理解藝術資助的目的和性質

（二）具備個人規劃的意識和能力

一、理解藝術在社會上可以發揮的不同功能，包括經濟、教育和社會功能

二、進行個人的生涯規劃，訂立目標和策略

三、理解文化／藝術領袖的角色

四、認識創新和創業思維

（三）掌握基本的策劃、推廣、理財能力

● 策劃節目和組織藝術活動的基本能力（項目管理基本概念）

（四）宣傳推廣（包括自我推廣）的概念、方法和管道

（五）理財的基本概念和制定財務預算能力

（六）申請資助的技巧

（七）認識贊助與捐助概念

（八）基本的人力資源管理概念（溝通、合作）和專業操守

（九）藝術管理對他的專業發展有什麼實際作用？哪些方面需要專業的服務（例如財務管理和法律）？

其實以上的課題，也是適合初級藝術管理人的「藝術管理基礎」課程大綱，只是側重有所不同。

我曾經在香港演藝學院、香港教育大學和香港中文大學音樂系教授這個科目，以非藝術管理研究生為對象的效果很好，香港演藝學院這個課程是所有 MFA 學生必修，藝術管理學生和其他藝術專業研究生一起上課，藝術專業的研究生也對課題很有興趣，而兩類背景不同的學生一同學習效果更好。香港中文大學音樂系的碩士班，學生中有音樂專業背景的，也有其他背景的，其中兩科選修課與藝術管理有關，不同背景的研究生一起學習也有很好的效果。

對藝術院校和授課老師最大的挑戰，是如何使本科的藝術學生對這個科目和這些課題產生興趣。因為很多年輕的本科藝術學生對藝術專業以外的事物沒有興趣。多年前我替演藝學院開設的本科藝術管理課，當年是音樂、舞蹈和戲劇的畢業班必修的，所以有接近 100 位同學上課，大部分同學不覺得內容與他們有什麼關係，上課時要花九牛二虎之力才能抓住他們的注意力。後來聽到澳洲維多利亞藝術學院的校長在一個國際會議上分享，其為藝術學生設計的藝術

管理課程當初也不受學生重視，後來改成為一個校友畢業後三年內可以免費回母校修讀的課程，即大受歡迎。

無疑，學員有了社會經驗後更加能夠理解藝術管理的實用性，多年前我替中文大學音樂系兼讀本科課程 PDP 開設的藝術管理課程，學生大部分是中小學的在職音樂老師，他們很用心，因為覺得藝術管理知識對他們在學校的組織和行政工作有用。不過，我認為本科藝術學生應該盡早關注藝術與社會關係，其實現時不少海外的藝術學院在本科課程已經加入與社會連結的元素（例如實習、參與社區活動等），使學生畢業後更容易融入社會。

香港教育大學十多年前開始一個分別主修音樂和視覺藝術的本科課程 BACAC，個人認為很有參考價值。該課程的目標是培養「社區為本」的藝術家（community-based artists），所以課程內涵蓋三個藝術管理科目（藝術管理、藝術行銷、文化政策），還安排基礎舞蹈、基礎戲劇等課程，讓學生的視野比較寬，他們的就業面向也更大。

我任教的課程一般都會替學生編定組合，我稱之為「盲婚啞嫁」。為什麼我願意多花時間替學生預先分組？因為我認為把不同背景的學生組合在一起，能夠大大提升朋輩學習的效果。容許學生自由組合的結果通常是那些認真的、能力強的會走在一起。然而，總有幾個同學因「無家可歸」而被迫結合在一起，導致不同組別水平差別很大。

有社會經驗的學生，特別是藝術管理的研究生都很喜歡我的安排，甚至希望我每年替他們重新組合，但個別年輕的本科生就有微言，我在教大的藝術管理課把主修音樂和主修視覺藝術的同學編在同一小組做項目策劃，他們通常開始時不喜歡跟「興趣不同」的同學合作，但課程完結的學生問卷則反映大多數同學其後都認同我的安排。[1]

為學生預先分組其實是相當費心思的工作，為了確保每組實力平均，分組前我會收集學生背景資料，例如先前提到學生主修科目、GPA、性別等，然後根據這些因素來分組，假如人數多每次分組需花上數小時（現在應該可以由 AI 代勞）。有一次我的前妻因病要做一個手術，我送她進手術室後在外等候，心情擔憂又不想胡思亂想，結果我利用那兩小時做了一班的分組，因為這項工作需要我精神高度集中。此後每次跟學生解釋我為何不讓她們自由組合，我也分享這件往事，之後就再無投訴了！

註釋

1 曾有一個學生到「師生諮詢委員會」投訴我的安排，那個委員會內有其他學生曾經修讀同一課程、是過來人，跟她解釋「盲婚啞嫁」的正面效果。

給藝管本科生的一封信

同學好！相信你正在享受大學生多姿多彩的學習生活，藝術管理的知識和實踐經驗與日俱增，個人的素質和能力也不斷提升。在忙碌應付當下挑戰之餘，今天希望提醒你及早規劃個人的未來，活出自己的夢想。

每個人的人生道路都不相同，因為他們在不同時期作出了不同選擇。有的選擇可能受到社會主流價值觀影響（或沒有意識到有其他可能性），例如大多數人會選擇比較安穩、高薪的工作，住在城市最方便的地區。有些人的選擇比較「另類」，但生活也很快樂。也有不少人覺得他們對自己的人生並沒有「話語權」，因為父母替他們選擇了專業，或僱主給了他們工作機會。

我們無權批評或議論別人的選擇，因為那是他 / 她的生命，「子非魚，焉知魚之樂」（雖然我們可以從別人的選擇中得到啟發）。每個人的人生只有一次，你絕對有選擇自己人生道路的權利，因為最後你也要承擔自己選擇的後果。父母老師只能為你做一些準備和提拱意見。

我建議同學應該盡早建立「選擇的意識」，思考選擇的 Why，What 和 How？Why 是為何要選擇？剛剛解釋了你有「選擇權」，有同學會問為什麼不等畢業申請工作崗位時才選？因為這會影響你的競爭力，你們處於一個高度競爭的社會，那些有選擇意識的同學，在學校時已經裝備好自己（不單是上課）、積極爭取機會去實現他們的夢想，我不希望你過了起跑線才醒覺。

What 是思考什麼是你的美滿生活（或者你的生命意義），你的「夢想」是什麼？可以是很具體的創業計劃、在某個機構擔任某崗位，工資水平，也可以是一個發展方向（未來的工作領域、性質、生活方式），因人而異。What 很關鍵，它應該是你未來一段時間的奮鬥目標。假如你覺得這個問題比較遙遠，不用擔心，只要未來多留意社會上成功或令人感動人物、藝術管理的成功機構、傑出人物、有意義或受到讚賞的項目，相信你會找到學習典範（role model），啟發你找到自己的「夢想」，大部分人都需要一段探索時間才找到，而探索過程本身就是珍貴的學習。

美滿生活（生命意義）因人而異，選擇合適的工作時可以考慮以下因素：

一、分析個人的興趣與强項。假如暫時沒有「夢想／目標」，在藝術管理的專業內，你有沒有特別喜歡的科目／領域（例如營銷、製作管理）？你有什麼個人強項（例如溝通能力、創意等）？

二、審視業界及世界的發展趨勢，估計有什麼需求和機會。今日世界變化實在太快，所以看社會需求時要注意趨勢，例如有哪些工作會被 AI 取代，行業未來會有什麼新的發展（包括跨領域的發展如鄉村保育、長者健康、社會共融、可持續發展等）？對社會、行業未來發展你有想法或抱負嗎？把預期的社會需求，結合個人的價值觀，你覺得有什麼工作，社會上有所需求，而你個人又覺得有意義？假如你已經有夢想，可衡量一下你的夢想將會有市場嗎？

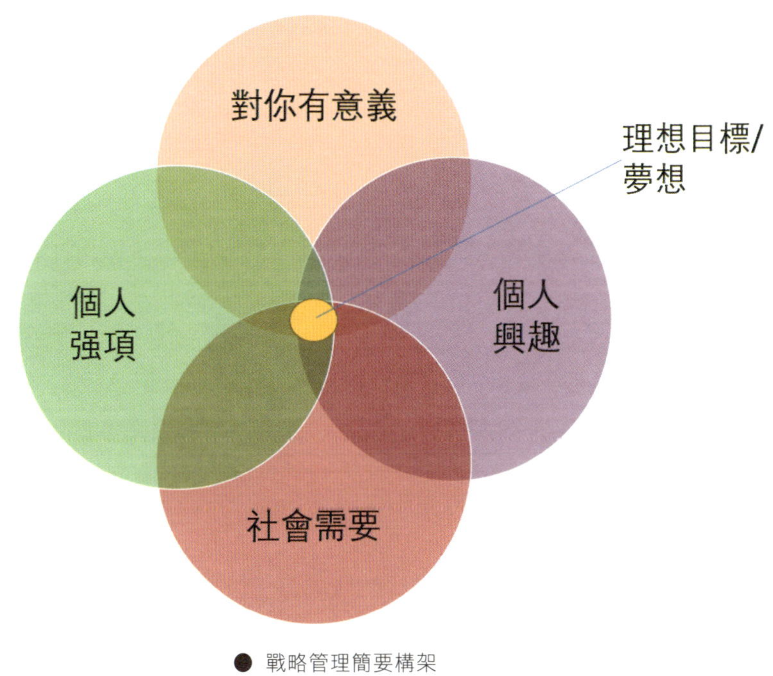

● 戰略管理簡要構架

把上述四方面的考慮因素結合起來，便可以找到自身與外間因素的複合點，既適合個人的獨特情況，而又有社會需求，那應該是你的目標／夢想了。

假如你發現既有的夢想，並沒有社會需求（缺乏就業機會及市場），那你應該再尋找有社會需求，而你本身又有興趣和條件的工作。夢想可以通個不同方式實現：工餘的興趣、斜槓的其中一種身份、或中年有經濟條件後再探索。

How 是思考「如何追夢」，達到你的「夢想」。有目標也要具備達到目標的條件、和掌握選擇（和被選擇）的機會。之前提及有的人因為條件不足（或準備不足），競爭力有限，只能被動地接受「僱主的選擇」。因此找到目標，便要努力裝備自己，爭加自己在選擇領域的知識能力，積極關注相關的資訊消息，建立相關的人際網絡。無可否認，機會的出現需要天時、地利、人和的配合，但有準備的人，才能夠把握機會。

假如你已經學習「戰略管理／規劃」，你可能意識到這封信的內

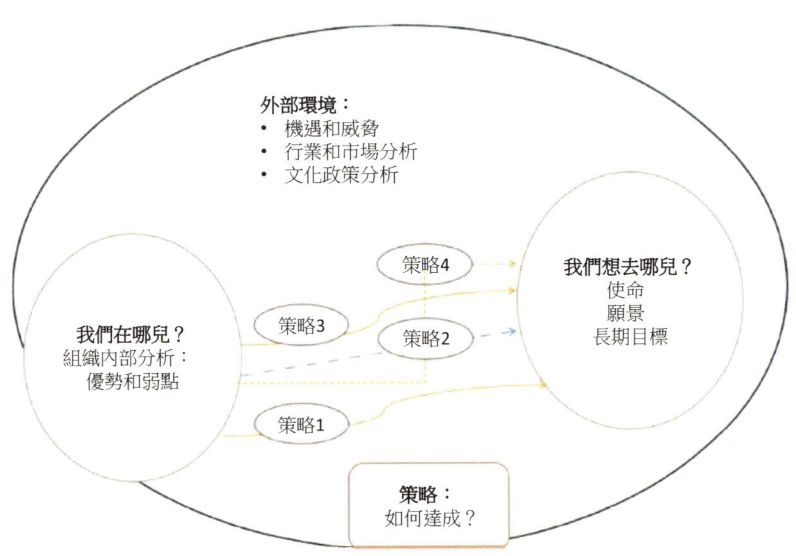

容，就是按照戰略規劃的框架。這個規劃工具，幫助機構全面和深入地制定三年或五年計劃。我認為也可以把框架應用於我們個人的人生規劃。旁邊是這個規劃的圖示，我今天不是上課，所以不會詳細介紹這個課題。

對藝管本科生來說，實習和畢業論文可以是追尋未來夢想的重要途徑。因此，爭取到什麼機構實習和選擇論文題目很重要，這也是我為什麼建議大家及早思考這個課題的原因之一。還要提醒一句，能一帆風順、一步到位實現夢想的人不多，不少人的夢想，也會隨着時間改變。因此最好有第二夢想、第三夢想，並為這些夢想，評估風險和機會成本。假如夢想之門沒有為你打開，也應該保持開放態度，試試其他的門，裏面很可能也是一個寶庫。

每一個選擇都充滿不穩定性，後果難以預知。但假如抉擇前估算過「最壞狀況」，而仍然願意承擔後果，那便值得一試。堅持和努力，是成功的必備條件，無論你從事任何工作，都要致力建立「個人品牌」，這將會你最大的財富。即使不幸失敗，也並不可怕，這是人生中無法避免的，可能是上天給你的禮物 —— 讓你更加認識自己和環境。只要能經常總結和反思，就是不斷地學習，失敗往往帶給你最珍貴和深刻的學習機會。

我的一位年青朋友（前學生）余倩各方面的條件都很優秀，大學畢業後一直追求自己的夢想，先後在上海擔任編輯、到美國留學、在美國做文化交流作家，廣告公司的創意總監，不到四十歲便出版了一本書《活出你的夢想》，她說：「如清楚自己的方向，並每天為其努力，生活便充滿意義。」祝願你也活出自己的夢想！

從「一家之言」到「與時俱進」

2018 年，我的著作《藝術管理概論：香港地區與內地經驗及國內外案例》出版修訂版，邀請著名藝評人周凡夫先生撰寫序言，他用了「一家之言及與時並進」作為標題，一針見血地把 2009 年的原著和 2018 年的修訂版的分別點出。非常感謝他先後為這本書的原版和修訂版寫序！另一位賜序的，是我的上海老朋友、前上海大劇院藝術總監錢世錦先生，他也是我在內地的「引路人」，包括安排上海音樂出版社出版上述書本。感恩！

自從我決定轉型為培訓人後，便計劃把我的講學資料整理出版，有系統地總結前線的實戰經驗及相關的理論。2001 年，我在美國「遊學」時，因為發生 911 事件，在數週的空檔時間開始動筆。後來在汕頭大學，得到藝術與設計學院副院長杭間教授（原清華大學）的鼓勵，工餘認真寫作。可惜出版時遇到一點困難，結果延至我到上海工作後，2009 年才在上海出版。當時從來沒有想到這本書（原版加修訂版），十多年來銷售了接近 3 萬本。

書的原版《藝術管理概論：香港地區經驗及國內外案例》，我是唯一的作者，由周凡夫先生和錢世錦先生賜序。其實當時內地已經有幾本藝術管理的中文教材，我的著作比較注重分享案例（49 個），不少案例是我個人前線工作時的親身經歷。原書分為 5 個部分：

第一部分：介紹藝術管理的一些基本概念，探討藝術管理的角色、藝術與社會的關係、藝術團體的策略規劃等。

第二部分：探討藝術機構的靈魂：節目的策劃與安排。

第三部分：探討管理藝術機構的制度，包括組織架構、人事管理以及財務管理。

第四部分：討論市場推廣和營銷理論及技巧、觀眾擴展的策略。

● 我的藝術管理教材，2009 年原版和 2018 年增訂版

第五部分：研究資源的爭取：贊助、資助和資金籌措，還有一個附件：「香港藝術管理政策及架構的發展」。

原著出版時，我已經離開上海，在香港任教的課程以英語為主，所以並沒有用此書作為教材。很高興不少內地藝術管理課程，均選用此書作為教材。我的一些前學生也熱心推薦此書、工作時用來參考、到外地深造時把它作為輔助教材，到 2016 年此書已經銷售了 9,000 本。那時我已接近退休，看到社交媒體和國家藝術管理業界的巨大轉變，感到有壓力要把內容更新，於是開始籌備目標成為內地本科生教材的「修訂版」。

最大的挑戰是需要增加有關內地的內容 —— 包括環境背景、操作情況、案例等，我並沒有在內地營運劇團／劇院的經驗，最後邀請十位藝術管理業界和學界的專家好友（部分是我的前學生）拔刀相助，共同完成「修訂版」。因此修訂版的副題從「香港地區經驗」擴寬為「香港地區及內地經驗」，這是周凡夫先生指出「從一家之言」到「與時俱進」的背景。

修訂版保留了原著五個部分的框架，我特別邀請了四位專家撰寫了四個新的章節：

一、藝術法律專家學者茆志軍教授寫《藝術法律》

二、中央戲劇學院藝術管理系副主任孫亮教授寫《中國文化政策》

三、香港獨立製作人李藹儀寫《製作人》[1]

四、上海大劇院公關部副主任王潔寫《社交媒體》[2]

為了更全面地介紹「專案管理」和「績效考評」，我把原書第二章第二節一分為二，一節集中介紹計劃和項目管理，另一節針對戰略管理和積效考評。

原書的十四章節也做了相當大幅度的修訂和更新，有幾個章節由本人與在前線的藝術管理人合著，增加了內地的案例，和介紹內地相關的發展，包括：與當時上海交響樂團藝術管理委員會秘書長[3]陳瑩合著《節目組織與安排》；與聞銘雅爾文化傳媒（北京）藝術總監蔡上合著《觀眾擴展》；與上海話劇藝術中心發展經理蔡碧野合著《資助申請》和《籌款及贊助》。此外，還得到上海文化廣場總經理張潔、香港資深藝術行銷人鍾穎茵、旅美藝術編輯余倩（也是修訂版的執行編輯）提供了案例或分享觀點。各位好友的貢獻，正是這本書的亮點。

正如周先生指出，因為上述的增加和修訂內容，原來的五章十四節，增加至五章十九節，篇幅大概增加了一半，我投入的時間應該接近準備一本新書。從原著孤軍作戰，到能夠與年青一代的業界好友合作，把原書的內容，結合她／他們在前線工作的經驗和智慧。在融匯的過程中，往往產生一些新的觀點（例如：觀眾擴展章節的圖例 45「關注觀眾參與／關係促進觀眾的流通」，就是我和蔡上討論的成果），絕對是「與時並進」。這些新／老觀點能夠通過增訂版與大家分享，是我最快樂和欣慰的事。

最難忘是 2018 年 6 月 9 日，上海文化廣場在它們的「書上劇場」系列 ByStage 特別安排了一個「新書發佈會」。非常感恩，大部分的作者也出席了（有的從北京、香港趕來），特別感動周凡夫伉儷在結婚紀念日，也飛到上海出席。寫作對我來說是很大挑戰，能夠完成兩個版本的《藝術管理概論》，真的有賴我眾多朋友的支持和協助，在此感謝！

新冠疫情開始後，每次接到內地藝術機構或院校邀請去分享，我通常回應：「不好意思，我已經退休了，我可以分享的觀點已經全部寫進著作《藝術管理概論》內。」現在到內地文化場地參加一些藝術活動，跟內地同行互相介紹時，往往他們主動提起自己是書的讀者。感恩！

註釋

1 李藹儀（易璇）女士現為香港芭蕾舞團行政總監。
2 王潔女士現為上海 YOUNG 劇場總經理。
3 這裏提到的崗位職稱是按 2018 年修訂版出版時，部分現在已經轉變。

大腦出租：諮詢服務與研究

自從 2001 年我以斜槓模式運作後，一直有參與小量諮詢服務（consultancy）工作，但我並沒有組織自己的公司，只是被動地以個案形式參與，負責一些中小型的研究，或加入邀請方的研究團隊。

諮詢服務是實務性質的研究，政府或企業往往在作出重大的公共政策或管理策略前委約，這些深入的研究為最後的決定提供關鍵資料和分析。我一直支持和倡議根據證據來作出決定，之前不同的前線工作崗位上均受惠於這些實務研究。

然而，委約獨立人士／諮詢公司進行這類研究要支付專業費用，香港只有少數藝術機構有此財政能力，同時認同這些研究的價值。因此藝術管理或文化政策相關的諮詢服務沒有市場，個人認為很可惜。

不是所有學者或專家願意從事顧問工作，香港有一位資深學者就曾經用「大腦出租」（Brain for Rent）來形容諮詢人的工作。與學術研究不同，諮詢人只是「服務提供者」，你要提供的是「全面的分析和能夠落實的建議」，對委約方最後的決定你要抱有「超然的心態」，不宜太介懷委約方最後的決定，因為顧問報告未必有結果或被採納（往往不會被告知結果）。

過去二十年我先後負責和參與了十多個諮詢研究，因為是智力上的挑戰，所以我很享受，雖然不是穩定的工作或收入來源。我很想分享一下這些研究的性質，特別是有一些研究我覺得值得推廣的，但內容細節因為保密原因不能透露。

有兩種研究我認為所有藝術機構，不論大小都應該進行，因為對機構的營運和長遠規劃有很大的影響：

（1）市場研究：我在 2003 年時，曾經幫香港藝術節進行一個全面的市場研究（那時我已經離開藝術節接近十年），通過在藝術節幾十個不同類型節目進行問卷調查，和幾個針對不同參與度觀眾的焦點小組訪談，分析藝術節觀眾的背景、愛好、消費習慣、消費態度、滿意度等，並包括潛在觀眾未來參加的意向等。類似的研究我在香港管弦樂團和藝術節工作時也曾經委約，只是規模小一點。我深信這種研究對藝術機構未來節目策劃、行銷策略、管道、定價、品牌等都有參考價值。

（2）戰略規劃：我在 2004 年的時候，曾經替香港話劇團策劃過一次比較全面的戰略規劃。不少機構往往通過一天的退修會來進行戰略規劃。那次我預先訪問了話劇團的主要持份者，包括藝術總監、演員、總經理、部門主管、資助機構、主要贊助、主要藝評人（本地及內地）等。在退修會扼要報告，並提議退修會討論主題等，務求在退修會時能針對最關鍵的問題作出深入討論。

幾年前賽馬會負責藝術文化和遺產部門進行戰略規劃，特別邀請了一個國際和本地專家組成的諮詢團隊為他們出謀獻策，我也有幸參與，他們充分了解戰略規劃的重要性，過程中更邀請主要的持份者（包括獲資助者）就特定議題一起討論。

其實多年前英國的藝術議會也曾經提供特別資助，讓小型藝術機構聘用顧問替他們進行戰略規劃。幾十年來目睹正規的戰略規劃如何為藝術機構帶來變革型的轉變，我一直希望有一天香港的資助機構（或贊助者[1]）會用這種形式幫助中小藝團。

2009 年，西九文化區委約了一個國際團隊對表演場地未來的經營模式進行研究，我作為本地專家參與，參考了全世界數十個表演場地不同的營運模式。其後文化區委約我根據香港的情況，為他們建議落實的策略。我在場地政策的章節也提及有不同經營模式的好處。

我也曾經替澳門政府承擔了一些諮詢工作，包括在 2020 年新冠開始前開展的兩個研究，一個是關於澳門戲劇產業研究與發展策略，另一個是「澳門樂團和澳門中樂團脫離政府架構的可行性研究」。

其他的諮詢工作涉及策劃或推展一些特定的項目，例如 2003 年替康文署準備申請 ISPA 2006 年夏季會議在香港舉行的建議書、澳門國際音樂節三十周年時我替他們策劃一個國際論壇，香港大學的「文化領航學程」（ACLP）在構思階段我也替他們擔任了短時間的顧問等。

其實香港曾經委約不少文化政策相關的諮詢研究[2]，例如 2003 年中央政策組委約的「香港創意產業基線研究」[3]、2005 年民政事

務局的 *A Study on Creativity Index*（創意指數研究）[4]，2011 年的 "A Review Study on Cultural Audit"（文化審計回顧研究）[5]，2012 年民政事務局委約的「主要表演藝團資助機制顧問研究」[6] 等，問題是這些顧問報告往往沒有得到跟進，即使不少觀點現時仍有參考價值，希望現時制定文化政策的官員和相關委員會委員關注這些報告。

近年藝術發展局的研究部在藝術生態和藝術參與方面積極進行調研 [7]，提供大量珍貴的資料、數據，希望更多政策制定者、管理者和培訓者善用這些資料。今天政府的《發展藍圖》已經制定，更加需要定期全方位收集文化生態和行業發展狀況的資料、數據，我認為要重新研究訂立「文化審計」機制，有助監控實施各項措施的成效，也應該認真考慮其他有助推動未來生態和營運發展的調研。

註釋

1 其中一位我很尊敬的前輩是管理界奇才鍾普洋博士，他是香港 DHL 的創辦人、熱心教育，大力在大學推動 entrepreneurship 教育和服務學習，對藝術也非常支持，生前曾成立 Foundation for Business Support for the Arts 及 Creative Initiatives Foundation，後者專門為本地的非營利機構提供廉價的戰略規劃服務，藝術團體也可申請。

2 關於場地的諮詢研究在討論場地的章節提及，這裏不再重複。

3 香港大學文化政策研究中心：《香港創意產業基線研究：香港特別行政區中央政策組委托顧問報告》，2003 年 9 月。當年中央政策為這個研究組織了一個顧問團，我是成員之一。

4 香港大學文化政策研究中心、民政事務局：《創意指數研究》，2005 年 11 月。

5 Mok, Patrick, *A Review Study on Cultural Audit: the Landscape of Hong Kong's Cultural Infrastructure,* March 2011.

6 Positive Solutions & GHK, *Research Study on a New Funding Mechanism in Hong Kong,* 2012.

7 相關研究可參考藝術發展局網站。

邁向學會學習

我喜歡當老師，除了培育學生外，在教學的過程中，自己也能不斷地「溫故知新」，更新自己的知識，獲得新的啓發。同時，因為要提升學生的學習成果，個人對如何「學會學習」也有更深層的體會。最初當老師的時候，我只本着「傳授知識」的心態，後來經歷課堂的洗禮、成績評核和課程設計的挑戰，理解到學生的學習成果才是最重要。好的老師應該是促進者（facilitator），啓發學生「學會學習」。

學生參與評核

很多課程都會要求學生以小組形式，研究某些課題，然後在學期末做一個 10 分鐘或 15 分鐘的匯報。我發覺在匯報課節，大部分同學只是專注做好自己的報告，對其他組別的分享並不留心（心理上學習已經完結）。其實所有小組分享的學習成果，都是很好的學習素材。某一年，我邀請所有同學在匯報課節同時擔任評判，我發給每位同學一張「評分表」，上面有我設計的評分標準和分數比例，要求他們為每一分享組別打分（除了自己的組別），然後選出最高分數組別。綜合所有同學的評分，獲得最高分的小組獲得「觀眾獎」（audience prize），我會送一點小禮品，所有同學都有參與評分，獲得嘉獎的同學當然很高興。其實我的目的很簡單：讓同學通過評分標準（事先已經分發）審視匯報內容，主動學習。

我並未受過正式的師資訓練（香港對大學老師沒有這方面要求，但個人覺得有用），不過我上課時，經常嘗試用不同方法提升學生的參與，希望帶來更好的學習成效。後來，先後成為上海音樂學院和香港教育大學的全職老師後，我認識了教與學的質素保證，和學術評審要求，掌握了一些教育基本理論。感恩有這個學習、實踐和融會貫通的過程，使我對自己之前一些教學手法，更為理解和嘗試優化，其後可以更靈活創意地運用。我明白本書的大部分的讀者不是老師，但相信評核和反思，可以應用在所有人的學習上，故此跟大家分享一下，自己在這方面的一些實踐和淺見（盡量避免用專業名詞）。

專題式學習

前文曾提及藝術管理學習的重要一環，是如何把理論／概念「應用」，所以策劃模擬項目是常用的手法（專題式學習）。此外，「實踐」課程會要求學生「執行」某些任務、或者參與某項目的策劃和落實，這些探索和經歷是很好的學習方式。多年來我為不同程度的學生，佈置一個小組作業，讓他們策劃一個能達到特定目標的項目（在他們能掌握的場景下），設計具吸引力又符合目標的節目，並草擬財務預算、員工架構和責任範圍、籌備時間線／甘特圖等。在完成策劃案後，小組需要做一個 15 或 20 分鐘匯報。在每組分享後，我會給他們一些意見，他們自行修訂後便遞交正式的策劃書。

經過多年的實踐和改良，我發覺採用「進行中的作品」（work-in-progress）的方式可帶來較大的學習效果，並增加學生總結的反思環節，通過問卷了解學生的學習狀況和成果，也方便監控各組的操作情況。經改良後，小組習作採用以下流程：

第一次分享：設計之節目內容及財務預算

一、分享後由另一組評核，可回應，老師提意見。

二、分享後各人填寫老師設置的問卷，匯報學習成果和困難。

第二次分享：修訂後的節目內容及財務預算，再加上人力資源及時間線

一、分享後由另一組評核，可回應，老師提意見。

二、修訂後遞交完整策劃案。

各人填寫老師設置的總結問卷，反思學習成果及過程，並匯報各組員的貢獻。

通過問卷，我可以掌握不同小組成員的投入程度和貢獻，在分數上可作出相應調整，也解決了小組內不同組員分數公平的問題。誠然以上的流程很花時間，但學習過程同樣重要（不單是最後策劃書的質素），保證學生在群體協作過程中，不斷總結反思及改進。補充一句，假如是實踐課程，總結反思不單以個人為本位，更需要加

上小組的總結反思，組員的互相評分等。

預期學習成果的範式轉移

記得我開始授課時，學院／大學要求為每個課程準備教學大綱（syllabus），清楚列明會教授什麼內容。我在上海音樂學院時，經歷教學大綱的「範式轉移」（paradigm shift），學院特別從北京請來專家，指導所有老師以「預期學習成果」為目標，修訂教學大綱。講授的題目和方法只是手段，因此我們對學生的評核，應該以「預期學習成果」量度所達到的程度。因此學生也需要理解「預期學習成果」和相應的評核標準，一旦學生有很清晰的學習目標，並能主動學習，便可以達到良好的學習成果。

通常只有很少學生願意「主動學習」，大部分都等「老師講授」。我在上音時，有一年本科生上課很少提問題，結果我自費到文具店替每位學生買了一本單行簿（每本七角），要求他們每次上課前先寫下「這一課你想知道什麼？希望提出什麼問題？」當然他們也可用這單行簿來寫筆記。其後，我接觸到香港教育大學設計的一個學生學習記錄的軟件，讓學生記錄每一課的學習目標、寫筆記、延伸閱讀記錄、總結反思等，並可以把作業上載，相關的老師也可查閱，我覺得非常有用。

我不時探索新的方法，讓學生「學會學習」。最大膽的一次，是把研究生分成小組，擔任老師角色，負責一個三小時的課節。根據我定的學習題目，他們設計教學大綱，講授課題內容、訪問專家（我負責邀請）、設計及執行與同學的互動，佈置學生總結問卷和課後提交學習報告，下課前由我做 15 分鐘的總結。我對成效相當滿意，學生對角色轉換都非常敏感，提升了學習積極性。在 AI 年代我認為「學會學習」更加重要，因為 AI 的能力與日增加，它可以多方面協助我們學習，但我們要懂得駕馭它。

以上我提到一些促進學生「學會學習」的方法其實都是小規模和太遲（在大學）才推行，影響有限。兒童從進幼稚園開始一直都在學習，學校愈早關注「學會學習」、學生愈早受益，而藝術在「學會學習」的過程中可以作出重要貢獻。很高興見到近年邱歡智女士領導的誇啦啦藝術集匯推出了「賽馬會跨學科藝術創意計劃」，針對高小學生、以藝術帶動創意教學和全人發展。在傳統單向知識傳授、重視標準答案的學習模式外，通過教師與藝術家協作，建立以學生為本、重視學生觀察、思考、感受、表達，沒有標準答案、重視學習過程的另一模式，並證明參與學生的創意、慎思明辨、溝通能力、協作技能和回饋社會的能力均有所提升。這個前瞻性計劃的未來有賴學校、老師和藝術家的支持，而後者需經培訓成為創意工作者。他們除了在學校從事創意教育工作外，也可以在藝團觀眾拓展工作上擔任重要角色，藝管人應該關注這方面的發展。

相信讀者能理解評估、反思和學習不單是教育界的關注，「學會學習」的能力絕對可以應用在個人學習、團隊學習、員工表現評核上，使機構成為一個「學習型團體」。今天的老師不僅需要啟發學生，也要符合質素保證和學術評審要求（向其他持份者彰顯成績）。我認為質素保證和學術評審，跟管理界倡議的 ISO 認證、KPI 績效評估制度的背後精神是一致的。

感謝天使和自我評估

因培訓工作的需要，我經常需要邀請業界的專家擔任不同課程的嘉賓講者、或者負責教授一個課程，他們能帶來最鮮活、在地和獨一無二的經歷和觀點。不過要工作繁忙的資深藝管人抽出時間來分享，對他們來説真的是百上加斤，即使院校提供一點講座費／車馬費通常也不能真正反映他們所投入的準備時間。但我很幸運、也很感恩，絕大部分被邀的業界朋友只要找到合適時間都欣然答允，那些願意教授整個課程（一般 14 課再加上佈置評核作業）朋友的熱情投入更令人感動。除了先前 EMA 章節提到教授課程的多位業界翹楚，在此我也要特別感謝現香港藝術節行政總監余潔儀（先前教授教大本科營銷課程多年）、西九文化區表演藝術行政總監譚兆民（先前教授教大研究生藝術管理概論），感恩各位業界領袖對「培育後進」的無私支持，感謝他們把培訓工作視為「對專業的奉獻」。我經常提醒學生他們很幸運，他們和我都獲得眾多天使的祝福！

2022 年 5 月，國際表演藝術協會 ISPA 在香港舉行夏季大會（因新冠疫情變為線上會議），並頒發了三個獎項予香港的藝術家／藝術管理人員，我很榮幸獲得 ISPA Hong Kong 2022 天使獎，在五月五日的線上頒獎禮，我致感謝詞如下：

> 我很榮幸能獲得 ISPA 授予如此巨大的榮譽。我非常感謝 ISPA 董事會和所有參與提名過程的人。
>
> 在我的職業生涯中，我很幸運能夠做我熱衷熱愛的事情，即藝術管理和相關教學，並從事我認為對當地藝術生態有價值的事情。在我擔任藝術管理人的二十三年裏，我有幸管理過香港藝術節和香港藝術發展局等組織。然後我在二十年前發現了我的感召，即教授藝術管理和設計培訓課程。起初，香港沒有全職的藝術管理教學人員職位。幸運的是，當時香港、內地和鄰近地區對藝術管理培訓課程的需求開始顯著增長，能夠在這一領域發揮小小的作用是一次非常令人欣慰的經歷。
>
> ISPA 是全球領先的文化專業人士網路，「多元」應該是關鍵詞之一。在不同的地方學習、生活和工作後，我學會了珍惜「多元」和它帶來的挑戰。因此，我致力招募來自不同背景的學生，最好來自不同的城市，不僅為他們提供理論指導，還為他們提升國際視野。多年來，我曾為學生組織到墨爾本、新加坡、上海、首爾和台北等不同城市的遊學團，這讓我留下了美好的回憶。
>
> 我相信天使獎真正認可是所有為教育作出貢獻的藝術管理人。我很幸運在我的生命中遇到了不少這樣的天使，

他們協助我在香港和內地實現了一些培訓計劃。

一、許多天使是本地和海外藝術機構的傑出領導者，包括 ISPA 的前任主席和董事會成員，他們在百忙之中抽出時間在我的培訓課程中擔任客座講師或嘉賓講者。我非常感謝他們富有洞察力和慷慨的分享，許多年青同事深受啓發。

二、也非常感謝我的本地和海外合作伙伴和朋友，他們非常友好地支援我的課程和遊學團。

三、我永遠感謝我的老師、導師和前上司，他們給了我很多機會和寶貴的指導，塑造了我的個人發展。

四、我還要感謝許多前同事，他們與我一起努力使許多事情成為可能。

五、最後但並非最不重要的一點是，我要感謝我以前的學生，其中許多人現在是我在不同城市的朋友。他們的學習熱情激勵我與他們一起學習。現在我最大的滿足感是知悉他們傑出的成就和創新。

今天，不同性質的藝術和文化管理課程到處都有需求。隨着藝術管理人員隊伍的不斷壯大和專業水平的提高，毫無疑問，ISPA 作為共享智慧的全球網路的影響力將進一步提升。

獲得 ISPA 的嘉獎當然高興，在人生旅途中能遇到這麼多位天使更是極大的福份，要感恩惜福。我的工作肯定有很多的改進空間，永遠要保持謙卑，最重要是向自己交代！

認識我的人都知道我比較「另類」，正常「職業路」人望高處，追求高職厚薪，掌握愈來愈多權力和發揮更大的影響力。我一方面是受到喜歡探索性格的影響，另一方面有幸相當年青時達到專業上一個高峰，所以其後更關注工作的性質意義、是否符合自己的理想等。中年離開前線後開荒去做藝管老師和顧問，從香港跑到內地、從全職轉為斜槓、兼職 part-time。從領導幾十人的團隊到只有幾個助理，漫步江湖、自得其樂！補充一句，我絕少以老師身份分享我的「職業路」，我希望我的學生比我正常，對社會作出更大貢獻。

無疑我很幸運，大學不介意我沒有博士學位讓我當教授，令我有幸先後擔任數百位香港、內地和大中華地區藝術管理從業員的老師，我結合理論與實戰經驗寫的著作也有很多讀者支持。

感恩自年青時培養了經常反思自評的習慣，每隔一段日子就會反省一下自己各方面的狀況，這對我的工作有很大的幫助，使我保持清晰的目標和動力，私人方面雖然成效較差（工作狂），但也有警醒的作用。

我們每個人的價值觀不同，選擇走的人生道路自然不同，並沒有對錯，冷暖自知，故此可以根據自己的目標設計一個「自我評估成績體系」，根據自己選定的標準來評估自己的成績。例如根據我人生第二階段「不斷探索，貢獻、學習和享受」的目標，那我可以用下面的標準來為自己評分：

	A	B	C	D	F
工作上的創新／提升／改善					
工作對業界／生態的影響 make a difference					
投入工作程度					
發揮既有潛能的表現					
形成新視野新見解的表現（提升）					
接觸新思維和最新發展的機會（學習）					
發掘新潛能的表現（探索）					
自我選擇的空間					
快樂、滿足指數					

你也可以設計一個「評分量規」來替自己打分！

估計有讀者在冷笑：「你是一個中了 KPI 毒和受 rubric 感染的末期病人！」

對未來的憧憬

香港特區政府的願景是香港成為中外文化交流中心，那在文化／藝術／創意產業管理方面的人才培訓、應該如何支持這個目標。

致力成為區域藝術／創意產業管理培訓中心

在鄰近地區不同專業領域都在「搶人才」的形勢下，香港其實有良好的條件成為區域（東亞地區）的藝術管理培訓中心。香港在這方面具備很多有利條件：地理優勢、兩文三語、具國際聲譽的高校、過去半世紀業界在推動非營利藝術和流行文化方面的業績、發展多年的國際網路、業界在國際平台取得的認同等等。以此為戰略目標可以配合中外文化交流中心的整體策略。

因應中外文化交流中心管理人員面對的挑戰和實際工作，我們可以把未來業界領袖和從業員應具備的條件（知識、能力和素質）認定為培訓目標。根據從業員的不同資歷，我認為藝術／創意產業管理方面的人才培訓可分為五個層次：

一、通過研究生或本科課程，吸引有能力、對行業有熱誠和一定認識的人士加入行業。

二、為在職業界提供專業相關不同範疇的培訓，提升他們的知識、能力、視野，並培養他們跨界和創新的能力。

三、鼓勵在職業界進修相關的碩士課程（假如未曾修讀），獲得全面和系統化的知識，構建個人的專業見解。

四、為資深業界提供機會參與海外（包括內地）的短期培訓或交流活動，擴展他們的國際視野和網絡。

五、支援業界領袖（和第二梯隊）參與國際或區域性的文化領袖培訓計劃。

現時的培訓活動

政府 2013 年開始以專項資金通過藝術發展局和康樂文化事務署支援這方面的培訓，過去十年在專業人才培養方面催生了很多的計劃，以上五個層次都有涵蓋。康文署增加了員工進修的資源，增設不少有薪實習生崗位，並資助場地伙伴藝團聘用一定數目的有薪實習生。藝術發展局多年前已推出了「本地藝術行政／製作人員實習計劃」，最近更提升成為「藝術人才見習配對計劃」。因此現在每年有超過 100 位對藝術管理／製作有興趣的年青人通過有薪實習進入行業。[1]

藝術發展局還提供不同形式的獎學金，支持藝術管理從業員在本地和海外的大學進修相關的碩士課程，並聯絡海外（包括內地）著名的藝術機構，為本地有經驗和往績的青年從業員提供短期工作學習的機會「海外文化實習及培訓計劃」，資助「藝術行政人員海外考察計劃」，也資助傑出的從業員參與「Clore 領袖培訓計劃」和「國際演藝協會—香港獎學金」（ISPA Fellowships）等文化領袖的培育計劃。藝發局也主辦了五屆「國際文化領袖圓桌交流會」，並委約合適機構籌辦「在職行政精修訓練課程」。[2]

香港藝術行政人員協會一直積極舉辦不同性質的培訓活動，針對不同專業經驗和領域的從業員，包括講座／工作坊，短期課程和「高峰論壇」，每年的高峰論壇是本地業界共同學習和社交的盛會，近年推出的「文化交流團」對提升業界視野、擴展人際網絡很有幫助。

大專院校方面近年開辦了不少新的相關課程，除了藝術和文化管理外，還有創意產業（及其管理）、文化遺產管理等。個人粗略的統計，現在不同院校有超過 15 個研究生課程和超過十個本科課程[3]，匯聚了不同背景的學者和專家，對專業的發展（教學、研究、知識傳遞）非常有利。

有的業界朋友擔心香港沒有這麼大的就業市場。假如我們的定位是區域的藝術管理培訓中心，那這些學生的就業的市場是整個區域。其實本港藝術／文化管理的碩士課程過去多年內地學員佔的比例相當高，香港中文大學的文化管理碩士課程、香港教育大學的 EMA 藝術管理和文化企業碩士課程都為內地培養了不少藝術管理人才。如果未來在鄰近地區不同城市有更多曾接受香港培訓的從業員，對促進香港成為文化交流中心應該是一大有利條件。值得關注是我們的課程對境外學生的開放程度，以及如何吸引整個區域（不單是本港和內地）有能力、對行業有熱誠的年青人報讀。

從戰略角度，哪些方面可以加強？

個人認為主要應加強以業界領袖和第二梯隊（本港和區域）為對象的培訓，謹提出五個建議策略供大家參考：

（1）支援更多以本港和區域的非營利藝術和創意產業領袖（和第二梯隊）為目標對象的培訓活動，特別是具前瞻主題或針對特定地域的。

過去也曾有這類的高端培訓活動，例如 2018 年香港藝術行政人員協會和美國 National Arts Strategy（國家藝術策略）合辦的「文化領袖研習課程」。數年前香港演藝學院主辦的「大灣區創意藝術管理及領導人才培訓」，針對大灣區青年藝術從業員具前瞻性，獲得國家藝術基金資助，學習內容廣泛、參與者背景多元（雖然本地較少）。

（2）發展和支援最少一個以香港為基地，針對鄰近地區非營利藝術和創意產業領袖（和第二梯隊）、具區域特色的高端培訓課程。

這可以是一個碩士課程，也可以是一個夏季／冬季的研究生密集學程。重點是這個課程提供針對東亞地區業界高層的培訓，學員除了藝術／創意產業高級管理人員外，應該包括擔任領導角色的藝術家（藝術總監、創意總監等），學員最少一半應該來自香港以外地區，授課的導師的背景也需要多元化，包括國際、區域和本港的業界領袖和學者。

內容方面也應該區域與國際並重，近年因為東亞地區（特別是內地）的經濟發展和在文化領域上的投入，已經發展出不少嶄新的經營理念和運作模式，特別在市場開發、新媒體運用、藝術科技、非營利藝術與文化創意產業發揮協同效應等方面，得到不少國際同業關注。這個課程應該針對區域發展的需要，同時讓學員理解國際和區域的最新情況，探索如何介入和發揮。

過去十年香港曾經有兩個針對業界高層人員的培訓計劃[4]，兩個課程有兩個共通之處：一、導師團隊包括本地和國際的行業領袖和學者；二、成功吸引了香港以外（內地及台灣地區，以及新加坡和馬來西亞等地）的業界中高層參與，達致很好的朋輩學習和多地經驗交流，可惜兩個課程都已經停辦。

要令這種具區域特色的高端培訓課程可持續發展，個人認為需要有三個條件。第一是由業界（行業協會或資助機構）主導，因為業界領袖最直接了解業界的需要和最新發展；第二需要學者和研究人員積極參與，提供理論框架和收集整理區域的相關資料和案例；第三是政府需要資助課程，因為高端課程涉及的支出相當大，不可能只靠學費達至收資平衡，無法持續下去。[5]

（3）與區域內研發機構合作，開展關於本港、內地和區域其他地區相關政策和業界運營操作的實務研究，為培訓和政策制定提供有質素的參考資料。區域藝術管理培訓中心需要建基於對區域的了解，故此需要建立區域的藝術管理／創意產業知識庫。

（4）鼓勵和支持行業協會及中介機構、籌辦更多內地和海外遊學團／交流團，增加業界對各地文化政策和營運模式的理解。作為中外文化交流中心的藝術／文化管理人員，國際視野和對內地的理解是先決條件，精心設計的深度交流和學習活動能帶來很多啟發。

（5）加強對內地和區域的業界宣傳香港的專業培訓活動和大專相關課程，吸引更多內地和區域從業員和潛在學生參加本港的培訓活動和大專課程。

上面提到的幾個建議，其實都有協同效應，在無需增加資源的前提下，可以促進香港成為區域藝術管理培訓中心。

註釋

1 有業界朋友認為政府支持這些實習生其實是以短期方式支援藝團的行政開支，擔心未來的可持續性。個人認為這個措施對激活文化生態短期內是有效的，只需要關注花費在這方面的資源佔總資源的比例。

2 香港藝術發展局獎學金，參見 https://www.hkadc.org.hk/grants-and-scholarship/scholarships

3 這些課程分別由十二間大專院校提供。

4 一個是香港大學 2010–2017 年舉辦的「文化領航課程」（ACLP），香港大學邀請英國的「Clore 領袖培訓計劃」共同設計，另一個是先前第 5 節提及、我替香港教育大學設計，2014 年 –2018 年舉辦的 EMA「藝術管理及文化企業行政人員文學碩士」，國際合作夥伴為倫敦大學 Goldsmith 學院，針對香港和鄰近地區最少有五年工作經驗的藝術和文化企業中高層管理人員。

5 其實 1980 和 1990 年代，市政總署（康文署前身）的訓練學院為了培訓文化經理職系人員，先後與香港大學專業進修學院、中文大學校外課程部合作，邀請倫敦城市大學、加州大學洛杉磯分校、紐約州立大學賓漢普頓分校來港開辦藝術管理研究生課程，由訓練學院補貼課程開支。學員除了政府的文化經理外，也開放部分名額給業界人士參與。不過到 2002 年中文大學和香港藝術學院開辦了本地的藝術管理課程後，訓練學院改為資助員工報讀本地的研究生課程。其實資深業界的培訓需要與還沒有進入行業的學員相差很大。

附錄一 鄭新文的藝術管理歷程表

年份	藝術管理及政策重要發展（演藝場地、主要表演團體、重要資助等）	鄭新文社會服務（部分）	鄭新文工作崗位
1962	香港大會堂啓用		
1973	香港藝術節開幕 市政局財政獨立		
1974	香港管弦樂團職業化 香港電台第四台啟播		
1976	首屆亞洲藝術節開始 政府成立文化署		
1977	香港藝術中心啓用 香港中樂團成立 香港話劇團成立 音樂事務統籌處成立		
1978	大專會堂啓用 荃灣藝術節開始		音樂事務統籌處助理訓練主任（音樂活動）
1979	中英劇團成立 香港芭蕾舞團成立 城市當代舞蹈團成立		（美國進修）

[續上表]

年份	藝術管理及政策重要發展（演藝場地、主要表演團體、重要資助等）	鄭新文社會服務（部分）	鄭新文工作崗位
1980	荃灣大會堂啓用 伊利沙白體育館啓用		音樂事務統籌處助理音樂主任（音樂推廣）
1981	香港舞蹈團成立 行政局公佈文化發展政策		倫敦城市大學藝術管理研究生文憑
1982	香港演藝發展局成立 首屆國際綜藝兒童合家歡藝術節 進念二十面體成立		香港管弦樂團 • 籌募聯絡主任 • 籌募及宣傳經理 • 助理總經理（籌募及宣傳）
1983	藝穗節開始 紅磡體育館落成 高山劇場啓用		
1984	香港演藝學院成立		
1985	大埔文娛中心啟用		
1986	區域市政局成立 香港藝術行政人員協會成立	香港藝術行政人員協會創會董事	
1987	沙田大會堂啓用 屯門大會堂啓用 牛池灣文娛中心啓用	替香港藝術行政人員協會統籌首個短期課程	
1988	上環文娛中心啓用 首屆區局節		
1989	香港文化中心啓用		香港藝術節 • 總經理 • 行政總監
1990	西灣河文娛中心啓用		
1991	香港大學專業進修學院辦「藝術管理實務證書」課程	香港藝術行政人員協會主席 亞洲文化推展聯盟董事	
1992			
1993	政府《藝術政策檢討報告諮詢文件》		
1994	政府成立香港藝術發展局，取代香港演藝發展局		

[續上表]

年份	藝術管理及政策重要發展（演藝場地、主要表演團體、重要資助等）	鄭新文社會服務（部分）	鄭新文工作崗位
1995	香港藝術發展局成為法定組織，並發表《五年發展策略計劃書》	首次加入香港兒童合唱團為董事	香港電台第四台台長
1996	市政局發表文化委員會五年計劃諮詢文件	浸會大學音樂及藝術系諮詢委員會主席（至2000）	
1997	區域市政局藝術發展計劃書 藝術發展局主辦「香港的藝術與教育國際研討會」		香港藝術發展局秘書長
1998	特首施政報告提出國際文化大都會目的、宣佈興建西九龍文娛藝術區及區域組織架構檢討		
1999	葵青劇院啓用 藝術發展局推出三年及一年資助制度 規劃署《文化設施需求及制訂規劃標準與準則的研究》公佈 藝穗節變身「乙城節」		
2000	民政事務局及其轄下的康樂及文化事務署接管市政局及區域市政局的文化藝術職能 元朗劇院啓用 文化委員會成立		
2001	藝術發展局〈三年策略計劃〉 西九龍文娛區概念設計比賽 香港中樂團、香港話劇團及香港舞蹈團公司化 藝術發展局首次參與威尼斯雙年展		

［續上表］

<table>
<tr><th>年份</th><th>藝術管理及政策重要發展（演藝場地、主要表演團體、重要資助等）</th><th>鄭新文社會服務（部分）</th><th>鄭新文工作崗位</th></tr>
<tr><td>2002</td><td>新視野藝術節啓動（隔年）
區域／地區文化表演場地設施的顧問研究報告
香港中文大學文化管理碩士課程啓動
首屆粵港澳文化合作會議</td><td rowspan="2">再任香港藝術行政人員協會董事（至 2012）
創意產業香港基線研究顧問委員會成員（至 2004）</td><td rowspan="3">香港藝術學院藝術管理專業文憑課程顧問及高級講師（至 2004）／香港中文大學文化管理碩士課程兼任講師（至 2012）</td></tr>
<tr><td>2003</td><td>圖書館、博物館及表演場地顧問報告
文化委員會《政策建議報告》</td></tr>
<tr><td>2004</td><td>西九龍文娛區招標
政府委任演藝、博物館、圖書館諮詢委員會成員</td><td></td></tr>
<tr><td>2005</td><td>政府就三個入圍的西九龍發展建議諮詢公眾
政府引進新的發展條件，三個發展商退出
表演藝術委員會諮詢報告發表</td><td>香港藝術發展局藝術顧問（藝術行政）（至 2019）</td><td></td></tr>
<tr><td>2006</td><td>政府向立法會民政事務委員會提交《香港的文化政策》
政府委任西九龍核心文化藝術設施諮詢委員會及轄下三個小組
政府成立表演藝術資助委員會、場地伙伴計劃委員會</td><td></td><td rowspan="3">上海音樂學院藝術管理系系主任、學科帶頭人、教授</td></tr>
<tr><td>2007</td><td>康文署節目發展委員會和六個演藝小組成立
西九龍核心文化藝術設施諮詢委員會提交報告
香港藝術界年度調查開始</td><td></td></tr>
<tr><td>2008</td><td>西九文化區管理局成立、獲立法會撥款 216 億
賽馬會創意藝術中心啓用
歷史建築活化伙伴計劃</td><td></td></tr>
</table>

［續上表］

年份	藝術管理及政策重要發展（演藝場地、主要表演團體、重要資助等）	鄭新文社會服務（部分）	鄭新文工作崗位
2009	康文署開始場地伙伴計劃 政府首次公佈活化工廈政策	加入康文署節目及發展委員會委員 香港舞蹈團董事（至 2011 年）	兼任講師（香港中文大學、香港大學專業進修學院、香港演藝學院、上海音樂學院、汕頭大學） 顧問
2010	藝術發展諮詢委員會成立，審批九大年度資助 青年廣場正式啓用，私營公司通過政府資助運營文化設施 藝術行政人員協會獲得「一年資助」		
2011	政府推出「藝能資助發展計劃」 藝術管理人員協會推出「文化領袖論壇」	退任康文署節目及發展委員會委員	
2012	主要表演藝團資助顧問報告發表 油麻地戲曲中心開幕	開始出任場地伙伴計劃委員會主席 開始出任藝術發展諮詢委員會委員	香港教育學院（2017 更名大學）兼任教授 ・ 藝術管理和文化企業行政人員文學碩士 EMA（2014–2018） 2017／18 年不再教授課程
2013	政府開始撥款支持藝術管理培訓		
2014		開始出任藝術管行政教育學會（美國）董事	
2015	藝術發展局首次參與首爾表演藝術博覽		
2016	政府推出「藝術發展配對資助計劃」		
2017		退任藝術發展諮詢委員會、康文署場地伙伴委員會、節目及發展委員會委員	

［續上表］

年份	藝術管理及政策重要發展（演藝場地、主要表演團體、重要資助等）	鄭新文社會服務（部分）	鄭新文工作崗位
2018	賽馬會大館啓用 康文署設立文化交流聯絡辦事處	香港恒生大學創意產業本科課程諮詢委員會主席	
2019	戲曲中心開幕 自由空間開幕	退任藝術行政教育學會（美國）董事	

附錄二 上海音樂學院「藝管新視界」2018 年訪問[1]

夏季正悄然而至，鄭新文教授在不久前剛剛參加完到甘肅農村「服務學習」項目回到香港。問及已經在藝術管理從業三十九年的他，為什麼會選擇這次「七天不洗澡」的體驗時，他告訴我們，因為喜歡探索，所以即使在已經嘗試過了多種轉變後，還是希望自己退休之後的日子能成為人生中一個新的里程碑。

就像鄭教授所説：「藝術管理是一個不斷探索的過程」、它「沒有標準答案，但永遠有挑戰和學習。」

現在的鄭教授也正加入着「斜槓」的隊伍，探索着更多的興趣與課題：參與志願者項目、體驗農村生活、堅持長跑、練習書法⋯⋯不斷走出曾經屬於自己的舒適區。

鄭新文教授曾擔任多個香港藝術機構的主管，包括香港藝術節首位華人行政總監、香港藝術發展局秘書長等。後主要從事顧問和教學工作，2005–08 年任上海音樂學院藝術管理系系主任。2012 年加入香港教育大學為兼任教授，2013 至 2017 年擔任「藝術管理及文化企業行政人員文學碩士」EMA 課程聯合總監。

鄭教授現在是美國藝術行政教育學會 AAAE 董事，曾擔任康樂及文化事務署場地伙伴計劃委員會主席、香港藝術行政人員協會主席等。著有《藝術管理概論：香港地區經驗、國內外案例》。

無論在資歷還是學識上，鄭新文教授都已經有所成就。但他卻依然還懷揣着那顆敢於探索的心，繼續去學習、去經歷、去享受。想知道為什麼嗎？讓我們來聽聽鄭教授怎麼說。

I．從藝術管理業界到學界

Q1　您在任上音藝術管理系系主任期間定下了沿用至今的系訓，關於系訓您還記得幾個？還記得制定系訓時的初衷嗎？

鄭　「積極、考究、堅忍、雙贏」。還有兩個字：「真誠」。

當時上音的藝管系，除我之外還有陶辛大師、王勇老師和秦尚修老師。而系訓並不是我個人定的，只是我先提出這個想法的。我覺得在本科階段學習藝術管理，「最重要的並不是知識或技能，而是培養一個能夠影響學生的正確價值觀與做事態度。」同樣，到今天為止我也有這樣的信念。所以當時提出要制定系訓，也是為了給同學們一些指引，「讓系訓成為對藝管人的要求」。「藝管人做事時應該要積極、考究、堅忍、雙贏。」但是系訓中還有兩個字：「真誠」。當時有同學向我們提議：希望在原系訓的八個字中再加上自己的體會，這令我非常感動，便讓同學們投票選舉，最後的結果是選出了「真誠」二字。這也就濃縮出了「藝管人所需要具備的五個要求」。

Q2　您在上音藝管系時期，有沒有一些事情是讓您直到如今也記憶深刻的？

鄭　有很多。其中一個讓我印象比較深刻的是：當年有一個班級的同學在我上第一課的時候就主動和我説「鄭老師，您可否用英文來給我們上課」。而那一次不單只是 PPT 用英語，講課也是用英語的。我一方面覺得很驚訝，「另一方面，學生的優秀和主動也令我非常感動」。這就是我們所説的「積極」。

Ⅱ．藝管教學那些事

Q3　現在談到「藝術管理」，您最先會想到哪三個詞？

鄭　資源、傳播、追求完美。

Q4　您覺得當今的藝管人需要更加注重培養哪一方面？

鄭　我認為你們所面對的最大挑戰，就是這個社會變得太快了。當八年前我所著的《藝術管理概論》出版時，並沒有「社交媒體」，但你能想像今天的營銷是沒有社交媒體的嗎？所以你們的「綜合能力」，如應變、分析、獨立思考、表達等，應該是最為重要的。「如果你們擁有了這些能力，便知道如何去學習，做到真正的自我提升，同時養成終身學習的習慣」，這些老師並不能教你，只能給你一些指引。但我想，你一旦擁有這個能力，便沒有人能夠搶走它了。以後，當你在做課題時，也就知道了如何有效地去查詢資料、分析案例。「在那時，無論這個社會怎麼變，你也都會坦然地覺得：我可以面對這個挑戰。」

Q5　您認為藝術行政中方法原理與動手實操哪一點更為重要？為什麼？

鄭　當然，兩個都很重要。不過，更重要的是「把知識理論與實踐經驗相結合」。只做實踐的人，即使已經有過去的經驗，但卻未必比只做了一次的人做得更好。因為無論是從態度還是技能方面，我們都需要在做完實踐後進行一次自我的總結和反思。所以，「反思和總結就是將知識、實踐兩者結合在一起的重要過程」。如果你提出進行反思的問題愈多，那麼你學習的效果也就愈大，會產生更多自己的見解和看法。那麼，在下一次的實踐中，你就會有自己的判斷，也使實踐的效果不斷提升。這也是為什麼，現在當你們做完實踐項目後，還需要通過總結匯報，深化你們所學到的東西。

Q6　您覺得在本科階段學習藝術管理專業有哪些優勢或劣勢？

鄭　純粹從藝術管理的學習來説，它與你是否是本科生或研究生都未必相關。但如果對於管理從業員來説，「能否對事情做到舉一反三，一個人的閱歷經驗便起到了很大的作用」。比如我上課時分享同樣的案例，此時本科生就會因為缺乏經歷，與已在社會上工作過的人相比時，缺少了對此更有深度的解讀。

但是，本科學習藝術管理還是有一個很具體的「優勢」。一般來説，如果你在本科時很認真地學習藝術管理，並對它產生很大的興趣，那麼在你未來工作時就會「投入得更快」，在其他同事仍然在探索這個行業是否適合自己得時候，你可以很快地在專業上提升自己。

同時，在本科階段可以「更早地把藝術念好」。藝術管理要學習很多不同方面的知識，其中有很多你可以慢慢地積累。但是對藝術的理解是關鍵性的，在藝術的學習上，你的藝術修養早一天提高，它就會成為你在未來工作中的優勢。

Q7　您如何看待藝術管理專業學生的職業生涯規劃？有什麼建議嗎？

鄭　更早地明確自己將來想幹什麼、做好個人規劃是非常重要的，但每個人的人生目標不同，每個人有適合自己的道路，因此需要理解自己的强項和興趣。

因為我的父母經歷過戰爭，所以在我進大學前，他們希望我去學未來職業生涯較穩定的醫學，我高中時念的是生物班。「但當年的我並不想走一條康莊大道，而是更喜歡走自己開出來的路。」所以我先去讀了音樂，後來選擇了藝術管理工作。我覺得藝術管理很適合我，在做不同項目的同時也就是完成了不同的理想。雖然最初母親很擔心，但是她後來還是選擇了支持我。

我也曾要求我的本科生寫下將來畢業之後最想去工作的崗位，從而據此寫下 20 個想去的實踐機構。「每個人的人生都是不一樣的。」如果盡快找到了自己的理想與喜好，不管是什麼職業，你都會做得很起勁、很開心。「這樣你的人生才是為你自己而活的。」

Ⅲ．藝管教學的繼續拓展

Q8　能否為我們介紹一下您在香港教育大學開設的（藝術管理及文化企業行政人員文學碩士）EMA 項目？

鄭　工商管理碩士課程有分為 MBA 和 EMBA，EMBA 一般要求學生有最少七到十年的工作經驗。我個人修讀 EMBA 的體會覺得學習成效提別高，所以希望把類此的模式用於藝術管理學習。當時通過我做的一些調研發現，世界上僅有一到兩所學校開設類此 EMBA 的藝術管理課程。所以後來在香港教育大學，我就設計了這個針對中高層藝術管理人員培訓的 EMA 課程（Executive MA）。開始的三年，我們吸引了來自七個城市、各自有着不同卻豐富的經驗的藝術管理者。「這些擁有着至少五年藝術管理從業經驗的同學，通過朋輩學習，即使是互相交流也會產生許多合作的項目。EMA 也就成為了高層次的學習和交流和學習平台，但挑戰是具備相關條件的市場很小。」

Q9　您所編撰的新版《藝術管理概論》（修訂版）即將出版，為何這次選擇加入「中國文化政策」、「藝術法律」、「節目製作」、「社交媒體」、「項目管理」這五方面的內容呢？

鄭　因為這五方面內容都非常重要。在這本新書中，我的角色已經改變了。不是像原版時的唯一作者，而是「作為這 11 名作者中的其中一名，也是整本書的編者」這一身份。在新增的這五個章節中，有四個章節都是由我的朋友來撰寫。同時在其他的章節中也加入了一起合作的朋友，他們給我提供了很多寶貴的案例，更加豐富了這本書的內容。

我覺得這本新書對我來説，最有意義、最珍貴的地方就是：「它不只是我一個人的看法或説法，而是綜合了多個藝術管理行業中，特別是現在正在行業前線進行工作或教育的人的觀點。」

Q10　可以和我們分享一下您寫書的過程與初衷嗎？

鄭　編這本書的過程是挺「辛苦」的。這本書的一些章節由我和另一位作者合著，而這對我和作者雙方來説都是需要適應的。相信對那些作者來説會比我更「痛苦」，因為他們需要在我曾寫好的章節的基礎上更新。那麼哪些內容要修改、哪些內容要增加，都需要大家一起去協調和商量。但對我個人來説，在「痛苦」的同時，也是一個「享受」的過程，一個讓我不斷學習、更新我的知識的過程。

初衷很簡單。舊版的《藝術管理概論》還在繼續銷售、許多大學的藝術管理課程也依然用它來做教材。但這本書 2009 年出版的時期與現在相比，其年代已經截然不同了。那麼我的選擇只有兩個：一是不管它，讓它自然地「死去」；另一個則是給它「新生」。我從來沒有想過，這本書會有那麼多學校拿來做教材，也有很多業餘藝術管理人來購買、使用它。「所以在我很感恩的同時，我認為我也有責任，不讓它『死去』。」所以，我便選擇了再版。

小編感想

採訪鄭新文教授的過程是生動而有趣的。作為我們老師的老師，他樂於分享自己生活中的不同經歷，同時也總會讓我們對曾在課上學到的觀點產生更深入的理解。鄭教授的對話內容簡單直白，這也使我們能更清晰地感受到，在言語背後那種對藝術管理、甚至對生活的真摯與熱情：不斷地去探索，也在探索的過程中學習與享受。

採訪結束後，如果問我，是什麼讓鄭教授一直保持着那顆敢於探索的心？我想，應該是他「開放」的態度。去接納新的事物、去追求自己所愛，去為自己而活⋯⋯在沒有標準答案的生活中尋找挑戰，在充滿挑戰的藝術管理中尋找自己的人生動力。

註釋

1 「藝管新視界」是上海音樂學院藝術管理系的公眾號，訪問由學生小組負責，此文責任編輯為楊一舞，她現時是香港話劇團市務及擴展部的市務主任。

後記 給母親的信

親愛的媽媽：

你離開我們十年了，希望你一切安好。根據基督教的信念，你在天國應該無憂無慮，不過我相信你每天的「待辦清單」仍然是排得滿滿的。因為你仍在學習新的事物、關愛需要關心的「人物」（也許在天國並非如此稱呼）、享受美好的事物和箇中的情趣（例如：美食、音樂、藝術等），還會從事一些我們無法想像的「跨出個人安舒區」的事情，例如你曾經在聖誕節當志願者，去酒吧派安全套！

你確實是一個「非一般的母親」，相信這與你成長地的獨特時代背景，和你當時的經歷有着密切的關係。雖然出生在安徽，但你在上世紀的「東方巴黎」上海長大，父親（我的外祖父）是留學美國的礦業工程碩士，他回國後曾經經營鐵路、煤礦、辦商場和工廠。你在上海曾接受優良的教育，在知名的世界學校（小學）和南洋模範中學畢業，可惜因為戰爭的關係，差一年才能完成聖約翰大學的學士課程。1948 年，你移居香港，第二年考入護士學校，在政府醫院任職護士，直至 1984 年退休。出任護士長時，你曾創建香港的社區護理（community nurse）服務。與我的父親（當年的同事）結婚後，生養了我們三個兒子和一個女兒，還有三個男孫和一個女孫。

很多人在退休後會安享晚年，但你卻選擇退休後開展兩段精彩的人生旅程。首先，你在 1985 年去北京學習針灸，畢業後在加拿大和香港擔任私人針灸師，直至覺得體力負擔不了才停止。1998 年，為紀念你的父親，以及幫助偏遠地區的貧困學生完成學業，你用自己的退休金及個人積蓄，在呼和浩特的內蒙古工業大學設立白梅獎學金，為每位同學頒發 1,000 元獎學金。其後，獎學金計劃擴展至四所大學，十多年來受惠者的超過 800 人。你把自己的大部分時間投放在與獲取獎學金學生的溝通上。七十多歲高齡的你，在中風前還每年親自到內蒙頒發獎學金，與獲獎學生見面。正如我弟弟的觀察，外祖父的教誨「永遠進取、不知疲倦」影響了你的一生。

比對不苟言笑的父親，你是我們子女的傾訴對象。思想開明的你，對子女如朋友般看待，所以我也很願意跟你分享一些重大的構思或困擾，聽取你的意見。我從前是「工作狂」，冷落家人，緊張的生活曾經帶給你不少擔憂。無論我的作息時間、健康、婚姻狀況，都曾令你擔心不已，你一直苦口婆心地關愛着我，還有很多勸告我的書信。

我確實不是一個「孝順聽話」的兒子，也許最令你失望的是我沒有遵從你（與我爸）的意願念醫科，反而選擇修讀音樂。我的選擇讓你曾經非常擔心，我在畢業後能否有溫飽生活（我明白你曾經歷戰爭的痛苦，理解你為何希望孩子的工作，即使在戰爭中也能有用）。很感恩你最後讓我如願，讓我可以踏上自己選擇的「羊腸小徑」，在藝術管理領域追尋自己的夢想。今天在此向你匯報，我把自己的經歷和在這個領域的感悟集結出版，供其他藝術「有心人」參考，也藉此向你交代和致謝。

由於你一直很獨立地忙碌處理大大小小的事務，大家都沒有意識到年邁的你需要照顧。後來才發覺你高估了自己的體力，承擔太大的健康風險，我開始關心和「規管」你的行為（例如：要你帶同家務助理一同出遊）。可惜，不久你因為過於疲勞而跌到，並嚴重中風，使你失卻活動與語言的能力。終日臥床的五年時間裏，相信你很難受，但是難得你仍然保持很詳和的狀態。我很慶幸那幾年能夠比較用心照顧你、接近你，雖然你無法表達，但我知道你很欣慰！

記起你以前偶爾開玩笑跟我說：「你（的强項）都來自我的優良遺傳！」寫這本書的時候，我認真反思究竟在哪些方面受到你的影響，當中包括有意識的（通過身教、家教和薰陶，以及無意識的DNA）。結果真的令我很震驚，我的好奇、認真、同理心、積極等，都來自你的影響。我現時的人生第三階段目標：接觸新事物、擴濶安舒區、不斷學習、享受生命，小至每天做的「待辦清單」等，突然發現這一切，好像是你退休生活的寫照啊！我一直認為自己深思熟慮後的個人抉擇，原來不知不覺地已受到你的影響……你植入的「程式」，原來影響了我整個生命歷程。

不過，我還是要抱怨，你並沒有把全部武功「下載」給我，包括：你的一手好字、幽默感、流暢的文筆等。我還會就我們不同的價值觀，向你說明：「我沒有你終生奉獻的精神，你在不同的階段，都會以幫助別人，以人為先，而我大概受到父親自小鼓勵獨立思考的影響，我一直根據自己的意願，去選擇工作和生活模式，所以我希望退休後多接觸藝術管理以外的大世界。」相信你會回應：「你們這一代人，在穩定的社會成長，經濟條件比我們優越，又獲得良好的教育，你們有條件冒更大的風險，可以更自由地選擇個人價值觀和人生道路⋯⋯要是當年沒有我的開明，容許你追求個人理想，你的人生就沒有這麼精彩啊！」

媽媽，感恩你賦予我的一切！並讓我自由地在陽光下快樂生活！願你也繼續享受神仙生活！

愛妳的兒子

新文上

● 2005 年與母親攝於汕頭

◎責任編輯　黃杰華
◎封面設計及插畫　Nancy Chan
◎內文設計及封面設計調整　古寶娜
◎排版　楊舜君
◎印務　劉漢舉

藝術管理：逐夢江湖感悟錄

編著　鄭新文

出版

中華書局（香港）有限公司
香港北角英皇道 499 號北角工業大廈 1 樓 B
電話：（852）2137 2338
傳真：（852）2713 8202
電子郵件：info@chunghwabook.com.hk
網址：http://www.chunghwabook.com.hk

發行

香港聯合書刊物流有限公司
香港新界荃灣德士古道 220- 248 號
荃灣工業中心 16 樓
電話：（852）2150 2100
傳真：（852）2407 3062
電子郵件： info@suplogistics.com.hk

版次

2025 年 7 月初版

規格

32 開（210mm x 150mm）

ISBN

978-988-8913-91-6